沙棘良种选育及产业化发展关键技术研究

综合卷

赵 英 张建国 郑兴国 程 平 张志刚/著

中国环境出版集团·北京

图书在版编目（CIP）数据

沙棘良种选育及产业化发展关键技术研究. 综合卷/
赵英等著. —北京：中国环境出版集团，2022.2
ISBN 978-7-5111-4835-3

Ⅰ. ①沙… Ⅱ. ①赵… Ⅲ. ①沙棘—选择育种—研
究 ②沙棘—经济作物—产业发展—研究 Ⅳ. ①S793.604
②F326.12

中国版本图书馆 CIP 数据核字（2021）第 163758 号

出 版 人	武德凯
责任编辑	范云平
责任校对	任 丽
封面设计	彭 杉

出版发行　中国环境出版集团
　　　　　（100062　北京市东城区广渠门内大街 16 号）
　　　　　网　　　址：http://www.cesp.com.cn
　　　　　电子邮箱：bjgl@cesp.com.cn
　　　　　联系电话：010-67112765（编辑管理部）
　　　　　发行热线：010-67125803，010-67113405（传真）

印　　刷	北京中科印刷有限公司
经　　销	各地新华书店
版　　次	2022 年 2 月第 1 版
印　　次	2022 年 2 月第 1 次印刷
开　　本	787×1092　1/16
印　　张	15.5
字　　数	268 千字
定　　价	72.00 元

前　言

沙棘（*Hippophae rhamnoides* L.）属胡颓子科沙棘属植物，是一种落叶灌木、小乔木或乔木，一般高 1～10 m。中国是世界沙棘资源最丰富的国家，沙棘资源面积占世界沙棘总面积的 90%以上。沙棘在我国北方特别是在干旱和半干旱地区极具栽培价值，是营造水土保持林和防风固沙林的先锋树种，抗逆性极强，沙棘果营养价值高，广泛栽培与发展对于促进这些地区脱贫致富、发展经济和改善生态环境均具有重大意义。种植沙棘是在非农业用地上生产营养保健品的有效途径，特别是在困难立地条件下开展高效生态经济林建设的优良选择，不仅水土保持、生态效果突出，同时经济效益显著。因此，沙棘已成为发展我国"三北"（东北、华北和西北）地区经济和生态建设的首选树种之一，尤其是党的十八大之后，生态立国的发展战略使得沙棘栽培和应用在一些地区更是被提上了议事日程，市场对沙棘优良品种、苗木，及栽培、采摘等技术急需且需求量很大。

然而，2000 年以前，新疆沙棘的总体情况是：沙棘处于野生自然分布状态，仅有少量的人工野生沙棘栽培，野生沙棘刺多、果小、产量低，经济利用价值不高，虽然具有良好的生态效益，但是没有良种、没有育苗和栽培技术，同时加工利用处于不完善的状态，无法形成沙棘产业和经济效益，导致政府、农民种植沙棘的积极性低，使得优良的沙棘树种在新疆生态建设和林果业发展中无法得到广泛应用。

在此背景下，为了充分发挥沙棘生态、经济效益功能，促进新疆生态建设和产业发展，我们沙棘繁育研究小组从 1998 年开始引进国外沙棘优良品种，陆续开展了引种与选育、种苗快繁、高效栽培、有害生物防控、果叶采收、加工利用等系统性的研究，培育出了一批沙棘良种，建立了一套较为完善的繁育体系，解决了沙棘产业发展过程中存在的诸多技术问题。截至 2020 年年底，沙棘在新疆已形成了百万亩的种植规模，12 家沙棘加工企业入驻新疆，加快了沙棘全产业链的发展，彰显了沙棘作为优良生态、经济型兼用树种的价值。

我们将 20 多年的沙棘研究成果集成本书，供沙棘科研工作者和爱好者交流学习，希望能够推动新时代沙棘产业的发展。参与编著本书的主要作者都是多年来从事沙棘研究的科技人员，主持或参与了沙棘引种、育苗、繁育、栽培等关键技术研发工作，积累了丰富的基础资料和宝贵的经验教训。

本书撰写过程中得到了中国林业科学研究院段爱国研究员、新疆林业科学院李宏研究员的帮助，在此表示感谢；对长期以来参与沙棘科研与推广工作的陆忠元、韩晓燕、刘伟、徐航、赵一卓、赵昕、马旭、王博林、褚亚楠等同志致以谢意。

在本书的成书过程中，我们以严肃认真的态度编撰每一个章节，严把质量关，但限于水平，难免有不当或错误之处，敬请专家、读者批评指正。

著　者

2020 年 12 月

目　录

第 1 章

沙棘国内外的现状

1.1 沙棘的重要性

沙棘（*Hippophae rhamnoides* L.）属胡颓子科沙棘属植物，是一种落叶灌木、小乔木或乔木，一般高 1～10 m，分布于我国云南的云南沙棘，一些林分树高可达 20 m，胸径近 2 m，树龄 200 年左右。沙棘雌雄异株，单性花，总状花序。沙棘有许多变异类型，如乔木类型和灌木类型，稀刺类型和多刺类型，扁果类型、圆果类型和椭圆果类型，黄果类型、橘黄果类型和红果类型等。全世界沙棘分布很广，广泛分布于东经 2°～115°、北纬 27°～68°50′的欧亚大陆地区。沙棘属植物共有 7 个种和 8 个亚种，7 个种分别是沙棘（包括云南沙棘和中国沙棘 2 个亚种）、柳叶沙棘、鼠李沙棘（包括中亚沙棘、蒙古沙棘、高加索沙棘、喀尔巴千山沙棘、溪生沙棘和鼠李沙棘 6 个亚种）、棱果沙棘、江孜沙棘、肋果沙棘和西藏沙棘。除高加索沙棘、喀尔巴千山沙棘、溪生沙棘和鼠李沙棘 4 个亚种外，其余种和亚种我国都有分布。分布面积最多的属中国沙棘（*Hippophae rhamnoides* L.subsp.*sinensis* Rousi）。从分布规律看，沙棘的分布范围主要受气温的影响，即在西南分布于高海拔地段，在东北则分布于低海拔地段。在山西、陕西、河北、内蒙古、甘肃、宁夏、青海、新疆、四川、云南、贵州、西藏等省区均有天然林分布。黑龙江、吉林、辽宁、山东、河南、湖北等省也在引种沙棘造林。据统计，我国现有沙棘林 140 万 hm²，占世界沙棘总面积的 90%以上。其中，"三北"地区有 117 万 hm²，占全国的 84%。

沙棘是一个具有重大经济潜力的树种。沙棘果实营养成分十分丰富，可以说它是珍贵营养保健物质的"总汇"。一些沙棘产品还有重要医疗保健价值，对多种疾病有显著疗效，在国内市场和国际市场上价格都非常昂贵。目前，我国用沙棘原料生产的食品、保健品、药品、化妆品达 20 余种。种植沙棘是在非农业用地上生产营养保健品的有效途径。此外，沙棘还是很好的饲料、燃料和肥料。沙棘在我国北方，特别是在干旱和半干旱地区极具栽培价值，是营造水土保持林和防风固沙林的先锋树种，对于促进这些地区脱贫致富、发展经济和改善生态环境均具有重大意义。

但是，从目前北方特别是西北治理生态环境的迫切需要来看，沙棘的发展速度远远适应不了客观形势的需要，必须加快发展，而加快发展速度主要的障碍之一是中国沙棘刺多、果小、产量低，难以调动群众种植的积极性。

1.2　沙棘现状及发展趋势

目前，开展沙棘育种和栽培技术研究的国家主要有俄罗斯、中国、蒙古、德国、法国和北欧的芬兰、瑞典等国。苏联是世界上最早进行沙棘育种的国家，其在沙棘育种领域的成果一直处于世界领先的地位。目前俄罗斯的沙棘栽培完全是人工果园式的经营，实现了良种化。俄罗斯的沙棘育种经历了两个阶段：第一个阶段是被称之为沙棘之父的M·A·利萨文科院士从 1933 年开始的沙棘分析育种阶段（即选择育种阶段）。利萨文科从野生沙棘林中选择优良类型和优良单株入手，采集了 148 个表型优良的单株种子，从而获得了大量的实生苗，并从中选择出第一批栽培品种，如"阿尔泰新闻""卡图尼礼品""金穗沙棘""油沙棘"和"维生素沙棘"。第二个阶段是从 1959 年开始的沙棘合成育种阶段（即杂交育种阶段）。由著名的育种学家潘捷列耶娃等采用不同地理生态型的沙棘进行地理远缘杂交。他们把第一个阶段育成的品种和高尔基农学院选择的萨彦岭起源的谢尔宾卡 1 号等作为母本，同地理上距离远的各种类型进行杂交，于 1977 年培育出"巨人""金色""丰产""鄂毕""橙色""优胜""浑金""西伯利亚""楚伊""玻琐""阿列依"等品种，并应用于生产。

俄罗斯沙棘育种工作迄今已历时 80 余年，共培育出 50 多个新品种，其特点是果粒大、果穗长、结实多，无刺或少刺、果柄长、便于采摘、产量高，产果量能达到 8～10 t/hm^2。在优良的栽培条件下，产果量更高。俄罗斯沙棘育种工作是在广泛选择原始材料的基础上，大量进行地理上的远缘杂交，从而选育出一批优良的杂种，缩短了出成果的时间，也节约了劳动力和费用。高尔基农学院教授、著名沙棘育种学家叶利谢耶夫（1989）在评价苏联沙棘育种时指出，沙棘在较短的时间内，从野生型变为栽培型，主要是在选种的第一阶段，通过栽培，从积聚在天然种群中潜在的隐性突变中所显示出的新的表现型往往都具有珍贵的经济性状。而杂交育种的结果表明，各种性状，其中也包括果重，在杂交中往往表现出越亲越分离的现象，这里的杂种优势大概同原始类型等效异位基因综合作用的影响有关。因此，在沙棘遗传改良的工作中，重视对天然种群的保存和选择，发掘其在长期进化过程中蕴藏在其遗传基础中的优良性状的隐性基因就显得特别重要。

俄罗斯现阶段的沙棘育种目标为：高产、矮化、无刺、高生化物质含量、便于机械化采果等综合的优良经济性状，对其抗逆性的要求重点在抗寒性和抗病虫害能力上。然而，在我国，由于国情不同，我们既要注重沙棘的经济效益，又要重视它的生态效益，在大部分地区往往其生态效益比经济效益更为重要。

芬兰沙棘育种的目标是减少棘刺和提高维生素 C（以下简称 VC）含量。1990 年培育出第一批芬兰品种，如 Raiza 和 Rudolf。瑞典沙棘杂交育种主要选择俄罗斯原生种作为母本、瑞典的雄株为材料，其目的是希望杂种后代具有俄罗斯沙棘的抗病性和瑞典雄株对本地气候的适应性。瑞典对雌株栽培的主要目标是高产、适宜机械采收、抗病、耐寒和宜繁殖；雄株栽培的目标是花期长、花粉生命力强、抗病、耐寒和宜繁殖。德国已培育出 5 个沙棘栽培品种，如 Leikova Flevgo。这些品种具有 VC 等成分含量高、果实较大、丰产性好、棘刺少等优良性状。法国从野生的溪生沙棘中优选出产量高、味道好、VC 含量高的单株，并通过无性繁殖，使之成为沙棘种植园的主栽品种，目的就是生产沙棘果实。

我国沙棘良种选育的工作起步较晚，主要开展了以下工作：沙棘群体遗传改良。鉴于沙棘在我国林业生态建设中的特殊功能，沙棘的群体遗传改良从一开始就受到重视。1985 年由联合国粮农组织资助，中国林业科学研究院（以下简称中国林科院）林业所牵头成立了全国沙棘种源试验协作组，开始了我国沙棘地理种源试验。经过许多专家学者近 10 年的艰苦努力，终于取得了可喜成绩。试验结果证明，中国沙棘一些主要性状的变异与地理纬度、经度、海拔高度密切相关，呈地理倾群变异模式。果实大小、百果重、产果量的稳定性等性状都呈现出从西南到东北走向的地理变异。西藏江孜沙棘、新疆中亚沙棘引种到内地，大部分表现不适应而逐渐死亡。中国沙棘优良种源区主要在华北地区，如山西岢岚、右玉，河北蔚县、涿鹿，内蒙古凉城、赤峰等。优良种源表现出果大、早熟、产量稳定等特点。如果要培育出 VC 含量高的沙棘新品种，则必须选择中西部甘肃、宁夏的种源。随着沙棘地理种源试验的开展，全国各省（区）分别结合资源调查，进行了沙棘自然类型的划分。例如，甘肃省根据果实大小、颜色把中国沙棘划分为 13 个类型；山西省根据果实大小分出微果、小果、中果、大果、特大果 5 个等级，并选出了 10 个优良类型；辽宁、青海、新疆、内蒙古和陕西等省（区）也做了同样的工作，目的是想从大群体中选出小群体（类型）用于生产。中国林科院林业所的科研人员在沙棘种源试验的基础上，在优良种源区对优良小群体（林分）进行了进一步的选择和培育，建立了一批采种母树林供个体遗传改良。1987 年，由中国林科院林业所主持组织了全国沙棘选优协作组，连续进行了 3 年选优工作，共选出优树 227 株。1992 年，集中在优良小群体内进行选优，选出 91 株。对雌株的选优标准主要根据果实直径、百粒鲜果重、结实量等经济性状，结合果柄长度、棘刺数以及生长性状和适应性等进行综合评价，目测比较，选其最优者。雄株的选择主要考虑树体健壮、树冠匀称、枝条饱满、花芽多而发育充实。所选优良单株均作为种质资源，在种质资源库保存。在选优的同时，采集其自由授粉的种子播种育苗，建立子代测定林，进行子代测定，以淘汰误选单株。通过对子代测定林的留优去劣，就可以建立子一代实生种子园，兼起杂交种场和采穗圃的作用，所以又可称之为多功能育种园。我国第一代生态经济型沙棘新品种多数是从优树子代中选出，部分从俄罗斯和蒙古引进品种的子代实生苗中选出。1987 年，林业部组团赴苏联考察沙棘，首次引进苏联沙棘品种的种子。1989 年，中国林科院赴蒙古考察沙棘，引进"乌兰格木"等 3 个栽培品种。我国第一代无刺、大果、丰产良种品系多出自这两批材料。1990 年后，中国林科院林业所、东北农业大学、黑龙江省农业科学院浆果研究所、齐齐哈尔园艺研究所相继从俄罗斯引进新品种，并从子代实生苗中选出了一批优良单株。但是，由于缺乏品种适应性区域化试验，良种推广速度受到很大限制。

1.3　沙棘产业化现状

沙棘的开发在我国已有近 20 年历史。根据统计，目前我国现有沙棘加工企业 200多家，多为中小企业，企业小而全，没有形成规模化的效益。主要企业分布在陕西、山西、四川、甘肃、新疆、北京、青海、辽宁等地。生产的产品包括饮料、保健食品、化妆品、医药、肥料和工业原料等 8 大类 200 多个产品，年产值超过 3 亿元。但是，从现状看，沙棘产品还没有真正走向市场，产业化水平比较低，主要原因有几个方面：一是沙棘的加工业仍处在利用野生沙棘资源的状态，这种利用方式不仅对资源造成毁灭性破坏，也对生态环境造成不可逆转的损失。二是我国的野生沙棘刺多、果小、产量低，不符合产业化的要求。俄罗斯大果沙棘虽然已引进我国，但由于时间短，还没有形成规模化栽培，加工利用尚未开展。三是科技开发相对滞后，特别是良种选育和繁育速度过慢，缺乏工业化生产的原料基地。四是沙棘企业集团化能力差，管理水平落后，没有形成一个完整的沙棘产业链。目前沙棘的产品开发主要包括以下几大系列：

①沙棘果汁，包括原汁、固体饮料等。

②沙棘酒，包括果酒、气酒、香槟等。

③沙棘药品，包括沙棘籽油、沙棘油胶囊、黄酮口服液、冲剂等。

④沙棘保健食品，包括沙棘果冻、沙棘奶油、果酱、糖浆、沙棘叶茶等。

⑤沙棘化妆品，包括乳霜类、香波类、特种化妆品等。

总之，我国的沙棘企业大部分仍是初加工企业，主要生产低附加值产品，如沙棘果汁、汽水、果酱、沙棘原浆类等。由于资源有限，目前企业争抢原料市场非常严重。我们相信，随着大果沙棘品种在我国适生区栽培面积的扩大，沙棘原料的短缺将从根本上得到解决。

1.4　沙棘产品国内外市场现状

在俄罗斯、美国等国，沙棘加工的各种食品和饮料主要作为飞行、高空作业、登山、水下作业人员以及妇婴、病人的特需营养品。在芬兰，沙棘果还被广泛作为调味品，应用于果汁、点心、糖果的制造。目前国际市场上的产品主要有沙棘果汁、沙棘果酒、沙棘油、沙棘化妆品、沙棘喷雾剂、治烫伤剂等。今后，随着人们对沙棘产品认识的提高，沙棘产品的需求量将呈增加趋势，特别是发达国家。从最近有关研究者对俄罗斯沙棘加工产品的考察可知，沙棘产品在俄罗斯仍有相当的市场，特别是在医用和保健方面。

在国内，沙棘产品实际上已在全国许多地方销售，有沙棘果汁、沙棘油、沙棘原浆、沙棘营养液、沙棘药品、沙棘茶等，特别是含有沙棘成分的药品也有许多品种上市，如平溃散、沙棘总黄酮片、心达康、沙棘油等。由陕西艾康制药有限公司生产的"中华沙棘油"获 1994 年首届杨凌农科城博览会新产品"后稷金像奖"，并被原国家技术监督局和原卫生部认定为合格产品，畅销国内市场。

从价格看，沙棘产品在国际市场呈现上升的趋势，以沙棘油为例，价格在 500 美元/kg 左右。国内沙棘油的价格约 3 000 元/kg（2018 年）。很明显，沙棘产品如果能进入国际市场，将会取得很好的经济效益。但是，目前由于国内大多数企业的加工技术和工艺比较落后，产品质量不高，要进入国际市场难度比较大。如出口沙棘油到美国，就必须取得美国食品药品监督管理局的检测认证。目前，国内企业要做的首先是优化产品的加工工艺，提高产品的质量和宣传力度，以打开国际市场为主，因为 90%的沙棘林在我国，这是我们的资源优势所在。

第 2 章

国内外沙棘品种的
引种与选育

2.1　国外沙棘品种的引种与选育

2.1.1　材料与方法

2.1.1.1　试验材料

试验材料为引进的俄罗斯和蒙古主栽沙棘优良品种 10 个，具体包括楚伊（丘依斯克）、金色、巨人、卡图尼礼品、阿列伊、向阳、橙色、浑金、阿尔泰新闻、深秋红（对照、CK）。前 5 个品种的苗木在黑龙江省绥棱县通过扦插培育而成，后 5 个品种在辽宁省阜新市扦插培育而成。供试苗木为 2 年生扦插苗。

2.1.1.2　试验设计

按照我国北方生态环境状况和气候特点，区域化试验共安排了 7 个试点，分别是新疆阿勒泰、黑龙江绥棱、吉林长白山、内蒙古磴口、甘肃西峰、陕西永寿、四川阿坝（注：由于自然条件、管理因素，个别区试点有数据调查不全和丢失的现象，导致不同区试点获得的数据不一致，因此在分析中，除了吉林长白山、四川阿坝数据不全未作分析外，其他均根据实际获得数据进行分析）。

试验设计采用完全随机区组设计：16 株单行小区，4 次重复。与常规完全随机区组设计略有不同的是：配置了大果无刺雄株（阿列伊），在正常的随机排列中，每隔 2 行正式试验处理（品种）排入 1 个雄株行，以保证正常授粉。在每次重复中，各品种的排列次序都是随机的，但每隔 2 行加 2 个大果无刺雄株行是固定的。试验地四周设 2 个保护行，保护行的种植材料为大果无刺雄株。每个试验点每个试验品种苗木为 70 株，大果无刺雄株为 540 株。试验设计中的行距为 4 m，株距为 1.5 m。

2.1.1.3　造林与管护

造林时期，由于苗木不能从一处提供，提供时间也不同，只能提早按常规造林要求将地整好，做好设计安排。在苗木到达后按原设计要求，按其应在位置栽植好。虽然各试验点造林时间并不相同，但要求苗木到达后，要立即进行定植和浇水。

造林按常规方法整地，栽植穴规格可为 40 cm×40 cm×40 cm。栽植后如土壤墒情不好，要适当灌水。肥力过差的，要适当施肥。造林后要加强管护，防止人畜破坏。旱情严重时，要及时灌水，此外还要做好除草和防治病虫害的管理。

2.1.1.4　生长调查与测定

在造林当年调查成活率，第二年生长季末调查保存率。每年生长季末详细调查各区组每个品种的存活株、苗高、地径和冠幅，冠幅分东西、南北进行测定，计算平均冠幅。第三年开始结实后，详细调查每一品种的单株产量、不同品种叶片的长度和宽度、当年生枝条棘刺数、2 年生枝条棘刺数、不同品种百果重。每一品种随机抽样 100 粒果实，测定每一粒果实的横径、纵径、皮厚度，计算平均值，统计果实大小分布。与果实类似，每一品种还测定种子的千粒重（自然风干后），并随机抽样 100 粒种子，测定每一粒种子的横径、纵径、厚度，计算平均值，统计种子大小分布。种子发芽率按照常规方法进行测定。

2.1.1.5　引进品种及其特性

苏联是最早把野生沙棘引入栽培的国家，也是最先育出沙棘新品种的国家，俄罗斯目前已有 50 多个新品种进入了国家品种目录。从 1987 年开始，中国林科院林业所先后从俄罗斯、蒙古、芬兰等国引进国外优良品种及种质资源 30 余份，其中俄罗斯 19 份、蒙古 1 份、加拿大和北欧 4 份，另外还有一些尚未定型的种质资源 10 份，具体包括：金色、巨人、橙色、浑金、阿图拉、优胜、丰产、楚伊、阿列伊、卡图尼礼品、向阳、深秋红、谢尔宾卡 1～3 号、阿尔泰新闻、乌兰格木、芬兰 1 号和 2 号、加拿大 1～4 号雄株等。下面主要介绍从俄罗斯和蒙古引进的参与区域化试验的主要优良大果沙棘品种的特性。

（1）楚伊

该品种是由西伯利亚利萨文科园艺科学研究所通过杂交途径（楚伊×楚伊）育成的，已在苏联的阿尔泰边区、克拉斯诺亚尔斯克边区、新西伯利亚州、伊尔库茨克州和库尔干州等 15 个边疆区和州进行了推广。树高 2.5 m，树冠呈叉开式，圆形，枝条稀疏，植株长势较弱，棘刺较少。定植 3～4 年进入结果期，果实早熟，成熟期为 8 月上旬，果柄长 2～3 mm，产量高，无大小年之分，采收不破浆。果实呈柱椭圆形，橙色，粒大，平均单果重 0.9 g，单株产量为 9.5～10 kg，6～7 年进入盛果期后，单株产量为 14.6～23.0 kg，盛果期可达 8～10 年。果味酸甜可口，用途广泛。果实含糖 6.4%，含油 6.2%，含酸 1.70%，含 VC 134 mg/hg，含胡萝卜素 3.7 mg/hg。本品种耐严寒，在大田条件下可抗病虫害。

（2）金色

由西伯利亚利萨文科园艺科学研究所通过谢尔宾卡 1 号与卡通种群野生沙棘实生苗

杂交育成。植株长势中等，树高 2.7 m，树冠密度中等，呈叉开式，枝条紧凑，没有伏条，树皮呈棕色。棘刺较少，叶片为深绿色，叶面凹陷，叶宽而短。果粒大，呈椭圆形，橙色，味酸甜可口，单果重 0.8 g，果柄长 2～3 mm，果实含糖 5.4%～7.2%，含酸 1.8%，含油 5.8%～6.4%，含胡萝卜素 5.528 mg/hg，含 VC 115～1 652.8 mg/hg，含维生素 B_1 0.022 8 mg/hg，含维生素 B_2 0.039 28 mg/hg。

（3）浑金

由西伯利亚利萨文科园艺科学研究所通过谢尔宾卡 1 号与卡通种群野生沙棘实生苗杂交育成。已推广于库尔干州、车里雅宾斯克州、阿尔泰边区和乌德穆尔特森林草原带。植株长势中等，树高 2.4 m，树冠张开型，棘刺较少，4 年树龄进入结果期，结果丰富，无大小年之分，盛果期达 10～12 年。果实于 8 月底成熟，中熟型，果实呈椭圆形，橙黄色，果柄长 3～4 mm，采收时果实不破浆。平均单果重 0.7 g，6～7 年的单株产量为 14.5～20.5 kg。果实含糖 5.3%，含油 6.9%，含酸 1.55%，含 VC 133 mg/hg，含胡萝卜素 3.81 mg/hg。果实可鲜食，可制作糖水沙棘、沙棘汁和沙棘果酱。本品种耐严寒，耐干旱，在大田条件下能抗病虫害。

（4）巨人

由西伯利亚利萨文科园艺科学研究所通过谢尔宾卡 1 号与卡通种群沙棘杂交育成。推广于库尔干州、彼尔姆州、斯维尔德洛夫斯克州、车里雅宾斯克州和克麦罗沃州。植株长势中等，树冠呈尖圆锥形，有明显的主干，密度中等，棘刺较少。定植 3～4 年进入结果期，产量高，无大小年之分，盛果期达 10～12 年。果实于 9 月下半月成熟，为晚熟型。果实呈柱形，橙黄色，果粒大，单果重 0.8 g，果柄长 3～4 mm，采收时果实不破浆，6～7 年树龄的单株产量为 11.2～15.5 kg。果味酸甜可口，适宜鲜食和制作糖水沙棘、沙棘汁和沙棘果酱。果实含糖 6.6%，含油 6.6%，含酸 1.7%，含 VC 157 mg/hg，含胡萝卜素 3.1 mg/hg。本品种耐严寒，对干缩病有一定抗性，在大田条件下能抗病虫害。

（5）卡图尼礼品

由西伯利亚利萨文科园艺科学研究所利用卡通种群沙棘的实生苗通过自由授粉获得。已在阿尔泰边区、克拉斯诺亚尔斯克边区、克麦罗沃州、伊尔库茨克州、库尔干州、鄂木斯克州、彼尔姆州、基洛夫州和莫斯科州推广。植株高达 3 m，树冠呈圆形，紧凑而稠密，棘刺程度中等。定植后 3～4 年进入结果期，无大小年之分。盛果期达 10～12 年。

果实呈椭圆形，浅橙色，基部和果端有不大的晕圈，平均单果重为 0.4 g，果柄长 4.5 mm。单株产量为 14.0～16.7 kg。采收时易破浆。酸味适中，宜制作沙棘汁和沙棘果酱。果实含糖 5.49%，含酸 1.7%，含油 6.5%～6.9%，含胡萝卜素 2.8 mg/hg，含 VC 69.5 mg/hg。本品种耐严寒，在大田条件下能抗病虫害。

（6）阿列伊

由西伯利亚利萨文科园艺科学研究所通过阿尔泰新闻与卡通种群杂交育成。为目前唯一的已推广雄株品种。植株长势很强，无刺，用嫩枝扦插能很好地繁育。每一花序有 17～24 朵花，平均为 19.5 朵，花粉产量特别高，花粉的生命力极强，花粉粒均匀一致，花期与大多数已推广的和有推广前途的雌性品种的花期重合。该品种的生殖器官抵抗冬季冻害的性能很强。1987 年进入国家品种试验。

（7）橙色

由西伯利亚利萨文科园艺科学研究所通过卡图尼礼品和萨彦岭种群沙棘实生苗杂交育成。推广于弗拉基米尔州、下诺夫哥罗德州、鄂木斯克州和阿尔泰边区。植株高达 3 m，树冠呈正椭圆形，中等密度，比较紧凑，棘刺较少，4 年树龄进入结果期，产量高，无大小年之分，盛果期达 10～12 年。果实于 9 月中旬成熟，为晚熟型。单果重 0.6 g，果实呈椭圆形，橙红色，果柄长 8～10 mm，采收时果实不破浆。6～7 年树龄的单株产量为 13.7～22.1 kg。果实含糖 5.4%，含油 6%，含酸 1.3%，含 VC 330 mg/hg，适宜制作沙棘汁和沙棘果酱。本品种耐严寒，对干缩病有一定抗性，在大田条件下能抗病虫害。

（8）阿尔泰新闻

该品种是由西伯利亚利萨文科园艺科学研究所从卡通种群沙棘的实生苗中通过自由授粉选育出来的。主要栽培于阿尔泰边区和克麦罗沃州。树体长势很好，呈乔灌木状，高可达 4 m，树冠稠密呈大展开式，圆形，树皮呈棕色，树干无刺，叶片较大，呈阔披针形，银绿色，叶面几乎是扁平的。定植 3～4 年进入结果期，无大小年之分，果穗较长，中等密度，果实呈圆形，浅橙色，基部和果端有红晕，中等大小，平均单果重 0.5 g，果味酸甜，不苦不涩。果实含干物质 14.2%、糖 5.5%、酸 1.7%，单宁类物质 0.048%、油 5.5%、VC 47 mg/hg、胡萝卜素 0.43 mg/hg，成熟期较晚，为 8 月底。果柄长 3 mm，采收时果实易破浆，单株产量为 3.2 kg，最高可达 10.5 kg，本品种抗干缩病。

（9）向阳

该品种是由莫斯科国立大学植物园选育出来的。树高2～3 m，冠径2.5 m，树冠开张，枝繁叶茂，生长势强，抗寒，高度抗病，无刺，果实圆柱形，果实橙色，大果，平均单果重0.9 g，产量为500 kg/亩[①]以上。8月中旬成熟，树冠紧凑，呈微叉开式。芽萌动是3月10日，展叶始期3月19日，始花期3月25日，盛花期3月26日，末花期4月2日；果始期4月15日，膨大期5月2日；11月5日叶开始变色，11月27日叶全落。枝条最大生长量在8月份（14.6 cm），年平均枝条生长量36.9 cm，分枝个数4.5个，分枝角度44.3°；2年生枝的发枝数4.6个，当年顶端枝条生长量27.5 cm，侧枝生长量29.1 cm。每10 cm长叶片数15.6片，叶片长度3.6 cm，宽度0.6 cm；2年生枝系的枝刺数平均值为2个。果实为中等大小，呈圆形，橙黄色，有光泽，果实横径0.77 cm，纵径0.93 cm，果形系数1.21，果实千粒重390 g。

（10）深秋红

深秋红为主干明显的灌木或亚乔木，树体挺拔高大，生长健壮，根系发达。3年生树高达3.0 m，冠幅2.1 m，4年生时树高可达4.3 m，冠幅2.5 m，分枝角度41°，顶端优势明显，侧枝相对较短，分枝层次较明显，无刺或少刺。叶披针形，较短，长约74 cm，宽0.9 cm。叶表面深绿色，背面灰绿色。果实为圆柱形，果柄长0.4 cm。果皮较厚。百果重在66 g左右，8月中旬果实变为橘红色，至9月中旬变为红色，深秋不落果，不烂果，可一直保持到春节以后，极富景观价值。深秋红嫩枝扦插生根容易，根系长度均值87 cm，侧根均数达14.7个，根瘤数9.2个，根茎直径均值为0.72 cm。造林易活，且造林后第2年即可开始结果，在我国北方地区是难得的秋冬景观植物。

2.1.2　第一年（1999年）不同试验点不同品种成活率比较

表2-1为新疆阿勒泰试验点造林当年成活率调查结果。从表2-1可以看出，成活率在84%以上的有楚伊、浑金、巨人、卡图尼礼品、阿列伊、阿尔泰新闻、深秋红7个品种，成活率50%～84%的有金色、橙色、向阳3个品种。

---

① 1亩≈0.066 7 hm²。

表 2-1　新疆阿勒泰试验点不同品种成活率比较　　　　　　　　　单位：%

品种	1 区组	2 区组	3 区组	4 区组	平均
楚伊	82	86	91	82	85.25
金色	73	79	76	81	77.25
浑金	100	97	99	100	99.00
巨人	89	87	83	87	86.50
卡图尼礼品	97	93	97	96	95.75
阿列伊	93	88	83	92	89.00
向阳	86	79	88	83	84.00
橙色	82	75	80	82	79.75
阿尔泰新闻	91	86	84	89	87.50
深秋红	91	93	89	92	91.25

表 2-2 为黑龙江绥棱试验点造林当年成活率调查结果。从表 2-2 可以看出，成活率在 84%以上的有楚伊、金色、巨人、卡图尼礼品、阿列伊、深秋红 6 个品种，成活率 50%～84%的有浑金、橙色 2 个品种，成活率在 20%以下的有阿尔泰新闻（18.8%）、向阳（9.4%）。

表 2-2　黑龙江绥棱试验点不同品种成活率比较　　　　　　　　　单位：%

品种	1 区组	2 区组	3 区组	4 区组	平均
楚伊	100	87.5	87.5	93.8	92.2
金色	100	93.8	81.2	87.5	90.6
浑金	75.0	81.2	81.2	93.8	82.8
巨人	100	87.5	93.8	81.2	90.6
卡图尼礼品	75.0	93.8	75.0	93.8	84.4
阿列伊	87.5	87.5	93.8	100	92.2
向阳	0	12.5	6.25	18.8	9.4
橙色	81.2	68.8	87.5	37.5	68.8
阿尔泰新闻	50.0	6.25	0	18.8	18.8
深秋红	83	89	87	82	85.25

表 2-3 为内蒙古磴口试验点造林当年成活率调查结果。表 2-3 表明，10 个试验品种的成活率均没有达到 84%以上，成活率 50%～84%的有浑金、阿列伊、橙色、深秋红 4 个品种，成活率 20%～50%的有楚伊、金色、向阳 3 个品种，成活率 20%以下的有巨人、卡图尼礼品、阿尔泰新闻 3 个品种，阿尔泰新闻当年成活率为 0。

表 2-3　内蒙古磴口试验点不同品种成活率比较　　单位：%

品种	1 区组	2 区组	3 区组	4 区组	平均
楚伊	50.0	0	0	43.7	23.4
金色	18.7	0	93.7	50.0	40.6
浑金	68.7	25.0	93.7	100	71.8
巨人	25.0	0	31.2	12.5	17.2
卡图尼礼品	12.5	18.7	25.0	18.7	18.7
阿列伊	43.7	37.5	56.2	75.0	53.1
向阳	56.2	31.2	43.7	68.7	49.9
橙色	75.0	87.5	75.0	75.0	78.1
阿尔泰新闻	0	0	0	0	0
深秋红	72	69	81	76	74.5

表 2-4 为甘肃西峰试验点造林当年成活率调查结果。表 2-4 表明，10 个试验品种的成活率均没有达到 84%以上，成活率 50%～84%的有阿列伊、深秋红、浑金、金色、卡图尼礼品 5 个品种，20%～50%的有橙色、楚伊 2 个品种，成活率在 20%以下的有巨人、阿尔泰新闻、向阳 3 个品种，阿尔泰新闻和向阳造林当年成活率为 0。

表 2-4　甘肃西峰试验点不同品种成活率比较　　单位：%

品种	楚伊	金色	浑金	巨人	卡图尼礼品	阿列伊	向阳	橙色	阿尔泰新闻	深秋红
平均	37.3	60.8	56.9	13.7	51.0	80.4	0	43.1	0	68.3

从以上的分析和表 2-1～表 2-4 的比较，我们不难看出，同一试验点不同品种之间的成活率差异比较大。以黑龙江绥棱试验点为例，成活率高的为 92.2%，低的为 9.4%，

方差分析表明，新疆阿勒泰、黑龙江绥棱试验点的造林成活率显著高于内蒙古磴口、甘肃西峰，不同品种之间成活率存在显著差异，主要是气候条件不同所致。

从图2-1中我们可以明显看出，不仅同一试验点不同品种之间的成活率差异比较大，而且不同试验点之间成活率差异也非常明显，表明不同品种的适应性存在明显差异。成活率总的变化趋势是高纬度试验点成活率最高，随着纬度的下降成活率也随之降低。特别明显的是在低纬度的四川阿坝试验点，大果沙棘品种基本上全部死亡。

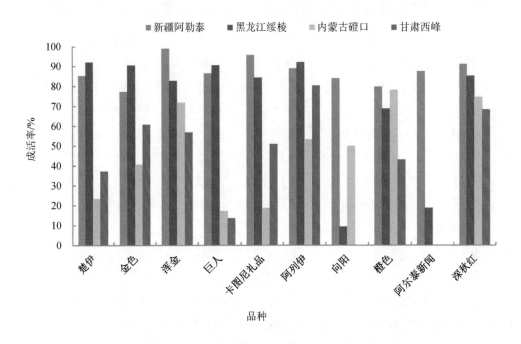

图2-1　不同试验点不同品种成活率比较

2.1.3　第四年（2002年）不同试验点不同品种保存率及生长比较

2.1.3.1　保存率

表2-5和图2-2为四个试点第4年保存率的统计结果。表2-5和图2-2表明，新疆阿勒泰试验点保存率 84%以上的有浑金（91.75%）、卡图尼礼品（89.75%）和深秋红（87.25%），保存率达 50%～84%的品种有楚伊、金色、巨人、阿列伊、向阳、橙色、阿尔泰新闻，分别为82.25%、61.50%、80.25%、80.75%、66.50%、54.00%、61.75%。

表2-5　四个试验点第4年保存率统计结果　　　　　单位：%

品种	新疆阿勒泰	黑龙江绥棱	内蒙古磴口	陕西永寿
楚伊	82.25	87.50	15.63	12.50
金色	61.50	75.00	10.94	4.70
浑金	91.75	79.69	48.94	37.50
巨人	80.25	75.00	4.69	6.30
卡图尼礼品	89.75	75.00	4.69	15.60
阿列伊	80.75	65.60	39.06	21.90
向阳	66.50	—	40.63	23.40
橙色	54.00	50.00	25.00	0
阿尔泰新闻	61.75	21.88	18.75	4.70
深秋红	87.25	64.25	35.75	18.50

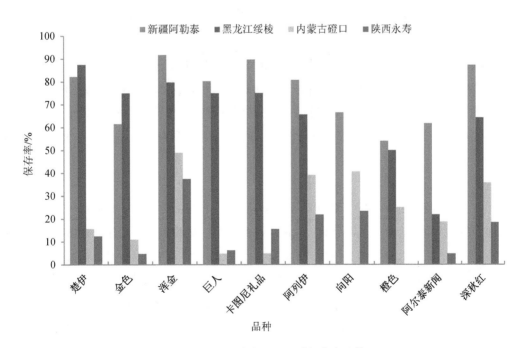

图2-2　不同试验点不同品种保存率比较

黑龙江绥棱试验点保存率达 84%以上的品种只有楚伊（87.50%），保存率 50%～84%的品种有金色、浑金、巨人、卡图尼礼品、阿列伊、橙色、深秋红，分别为 75.00%、79.69%、75.00%、75.00%、65.60%、50.00%、64.25%。阿尔泰新闻为 21.88%。很明显，一部分品种与第 1 年成活率相比有不同程度的下降。

内蒙古磴口试验点保存率均在 50%以下。相比较而言，浑金、阿列伊、向阳、橙色、深秋红 5 个品种保存率较高，分别为 48.94%、39.06%、40.63%、25.00%、35.75%。其余品种均在 20%以下，与第 3 年相比又有明显下降。

陕西永寿试验点保存率最高的为浑金（37.5%），其次为向阳（23.4%）、阿列伊（21.9%），其余品种保存率均在 20%以下。同样，与第 3 年比较，保存率有明显的下降，反映出引进的大果沙棘品种在陕西永寿试验点具有明显的不适应性。

综上，该引进品种在新疆阿勒泰区域的保存率优于其他三个试验地，而黑龙江绥棱区域又明显优于内蒙古磴口和陕西永寿。

从以上分析可以得出以下结论：

①同一试验点不同品种的保存率差异比较明显，表明不同品种其适应性也不尽相同。

②随着纬度的降低，来自俄罗斯和蒙古的品种保存率下降。这反映出俄罗斯和蒙古的大果沙棘品种具有很强的耐寒性，但其抗旱性和耐热性较差。

③从新疆阿勒泰、黑龙江绥棱和内蒙古磴口试验结果的比较不难发现，浑金、阿列伊、向阳、深秋红 4 个品种在磴口试验点均表现出较高的保存率。相比较而言，这 4 个品种有一定的抗旱性，特别是浑金和橙色 2 个品种，因为磴口试点的年降雨量只有 100 mm 左右。

2.1.3.2　生长比较

表 2-6 和图 2-3 表明，新疆阿勒泰试验点供试引进品种株高为 123.61～205.27 cm，黑龙江绥棱试验点为 152.63～184.31 cm，内蒙古磴口试验点为 112.33～165.74 cm，这三个试验点的株高大体一致，均表现较好。陕西永寿试验点引进品种株高显著小于黑龙江绥棱和内蒙古磴口，仅为 52.00～73.21 cm，所有品种均生长表现一般。楚伊、阿尔泰新闻、深秋红在三个试验点的表现较好。

表 2-6　不同试验点第 4 年株高和地径比较　　　　　　　　单位：cm

品种	株高				地径		
	新疆阿勒泰	黑龙江绥棱	内蒙古磴口	陕西永寿	新疆阿勒泰	黑龙江绥棱	内蒙古磴口
楚伊	173.91	163.00	139.07	54.00	3.84	3.64	2.37
金色	156.74	157.63	152.86	52.00	3.39	3.06	3.56
浑金	123.61	168.11	161.23	69.00	3.36	3.68	3.59
巨人	161.37	169.96	112.33	60.50	4.83	3.23	1.60
卡图尼礼品	158.69	152.63	152.67	54.67	3.71	3.45	4.62
阿列伊	198.21	—	146.26	60.00	3.36	—	2.96
向阳	163.52	—	145.88	60.25	4.01	—	2.69
橙色	158.36	155.14	156.67	—	3.05	3.43	3.45
阿尔泰新闻	179.54	157.17	164.00	71.50	4.22	3.09	5.50
深秋红	205.27	184.31	165.74	73.21	4.81	4.03	4.62

注："—"表示该品种在试验点没有成活，下同。

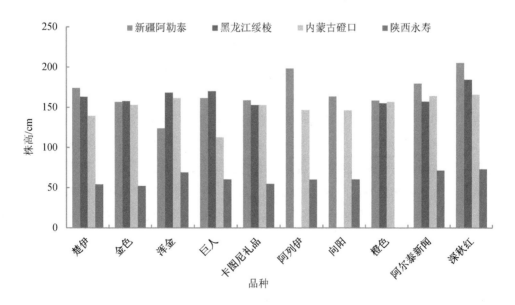

图 2-3　不同试验点不同品种株高比较

从表2-6和图2-4可以明显看出，新疆阿勒泰供试引进品种的地径为3.05～4.83 cm，黑龙江绥棱试验点为3.06～4.03 cm，磴口试验点为1.60～5.50 cm。与株高类似，楚伊、阿尔泰新闻、深秋红在三个试验点的表现也较好。

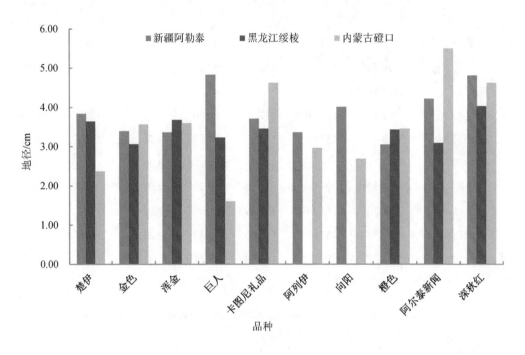

图 2-4　不同试验点不同品种地径比较

表 2-7 和图 2-5 表明，新疆阿勒泰试验点供试引进品种冠径为 110.91～183.24 cm，黑龙江绥棱试验点为130.05～172.13 cm，内蒙古磴口试验点为85.16～195.00 cm。楚伊、阿列伊、阿尔泰新闻、深秋红在新疆阿勒泰的表现较好，均达 150 cm 以上；楚伊、浑金、橙色、深秋红在黑龙江绥棱达 150 cm 以上；阿尔泰新闻和深秋红在内蒙古磴口达 150 cm 以上。陕西永寿试验点引进品种冠径为 23.50～54.32 cm，明显小于其他三个试验点。

表 2-7　不同试验点第 4 年冠径比较　　　　　　　　单位：cm

品种	新疆阿勒泰	黑龙江绥棱	内蒙古磴口	陕西永寿
楚伊	153.63	154.61	96.17	36.67
金色	127.42	130.05	101.36	38.00
浑金	110.91	160.81	141.83	42.75
巨人	146.32	131.39	85.16	23.50
卡图尼礼品	148.22	147.80	99.83	31.00
阿列伊	181.95	—	101.85	32.50
向阳	132.25	—	120.25	29.75
橙色	142.85	163.85	130.34	—
阿尔泰新闻	163.52	148.54	195.00	35.50
深秋红	183.24	172.13	154.41	54.32

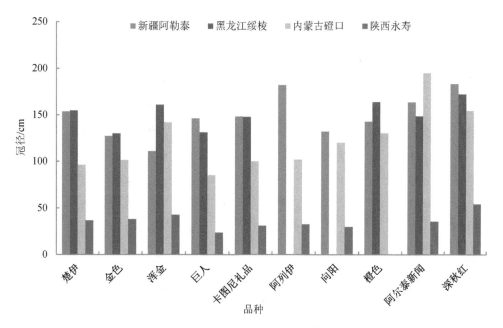

图 2-5　不同试验点不同品种冠径比较

综上分析可以看出，同一试验点不同品种之间的生长差异也比较明显，表明不同品种的适应性存在明显差异。不同试验点之间的生长差异非常显著，从株高、冠径的变化趋势看，其与保存率的变化趋势基本一致，即高纬度试验点气候条件与原产地更为接近，生长量比较大，但随着纬度的下降，生长量也随之降低。

2.1.4 不同品种叶片特性

2.1.4.1 叶片长度与宽度

表 2-8 和图 2-6 为不同试验点不同品种叶片特性测定结果。从叶片长度看，新疆阿勒泰试验点引进品种为 6.46～8.32 cm，黑龙江绥棱试验点为 6.72～8.37 cm，内蒙古磴口试验点为 6.31～8.47 cm，三个试验点总体上差异不明显，但不同品种在不同试验点仍有一定差异。深秋红平均叶片长度为 6.50 cm，明显小于其他品种。

表 2-8　不同试验点不同品种叶片特性测定结果

品种	叶片长/cm			叶片宽/cm			长宽比			10 cm 枝平均叶片数/个		
	新疆阿勒泰	黑龙江绥棱	内蒙古磴口	新疆阿勒泰	黑龙江绥棱	内蒙古磴口	新疆阿勒泰	黑龙江绥棱	内蒙古磴口	新疆阿勒泰	黑龙江绥棱	内蒙古磴口
楚伊	7.76	8.37	6.52	1.03	1.19	0.86	7.53	7.03	7.58	17.0	16.0	15.9
金色	7.52	7.56	8.37	1.12	1.23	1.04	6.71	6.15	8.05	15.7	15.9	11.7
浑金	7.98	8.16	7.09	0.89	1.25	0.84	8.97	6.53	8.44	19.0	18.3	20.9
巨人	7.41	8.16	8.23	0.85	1.14	0.95	8.72	7.16	8.66	13.9	14.9	16.3
卡图尼礼品	8.32	8.15	8.47	1.32	1.27	0.95	6.30	6.42	8.92	14.7	18.3	14.6
阿列伊	7.61	—	7.14	0.94	—	0.94	8.10	—	7.59	20.3	—	23.8
向阳	7.02	—	6.83	0.82	—	0.89	8.56	—	7.67	17.6	—	17.0
橙色	7.73	7.70	6.75	0.93	1.07	0.83	8.31	7.20	8.13	17.6	18.8	24.8
阿尔泰新闻	8.21	8.11	8.30	1.14	1.20	0.83	7.20	6.76	10.00	15.2	16.0	17.0
深秋红	6.46	6.72	6.31	0.89	0.86	0.92	7.26	7.81	6.86	14.9	14.2	15.1

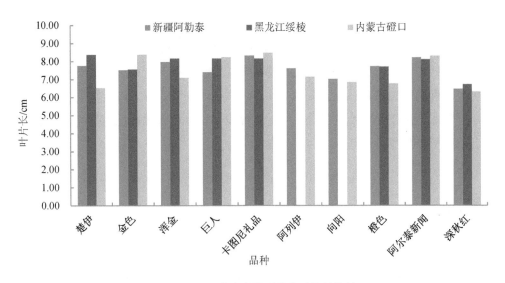

图2-6 不同试验点不同品种叶片长比较

从叶片宽度来看（见表2-8和图2-7），新疆阿勒泰试验点引进品种为0.82～1.32 cm，黑龙江绥棱试验点为 0.86～1.27 cm，内蒙古磴口试验点为 0.83～1.04 cm。很明显，内蒙古磴口试验点供试可比品种的叶片宽度不同程度地比新疆阿勒泰和黑龙江绥棱试验点小。

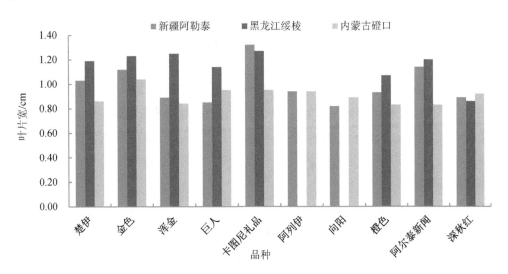

图2-7 不同试验点不同品种叶片宽比较

从引进品种叶片长宽比来看（见表 2-8 和图 2-8），新疆阿勒泰试验点为 6.30～8.97，黑龙江绥棱试验点为 6.15～7.81，内蒙古磴口试验点为 6.86～10.00，很明显，新疆阿勒泰和内蒙古磴口试验点的叶片长宽比明显高于黑龙江绥棱。造成这一结果的主要原因是新疆阿勒泰和内蒙古磴口试验点降雨量小、气候比较干燥，导致叶片宽度变小。叶片宽度变小是树木适应干旱环境的结果，叶片宽度变小，叶片长宽比比值提高，有利于减少蒸腾耗水，提高抗旱性。

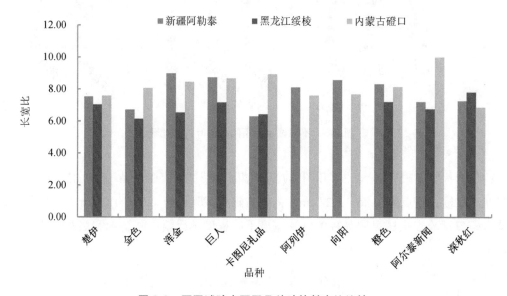

图 2-8　不同试验点不同品种叶片长宽比比较

一般认为，叶片长宽比可作为衡量品种抗逆性或者适应性的一个指标。从这个意义上来说，黑龙江绥棱试验点引进的品种叶片长宽比明显小于其他两个试验点，反映出引进品种对黑龙江绥棱试验点的适应性要显著高于其他两个试验点，其实质就是引进品种的耐寒性较高。至于引进品种在内蒙古磴口试验点叶片长宽比增高，恰恰是引进品种对干旱瘠薄环境的适应性反应。

2.1.4.2　叶片数量

从 10 cm 枝条平均叶片数量来看（见表 2-8 和图 2-9），新疆阿勒泰引进品种 10 cm 枝条平均叶片数为 13.9～20.3 个，黑龙江绥棱试验点为 14.2～18.8 个，内蒙古磴口试验点为 11.7～24.8 个。对三个试验点的比较不难发现，在内蒙古磴口试验点，除了楚伊、金色、卡图尼礼品、向阳 4 个品种外，其他品种叶片数均比新疆阿勒泰和黑龙江绥棱有所增加。叶片数增加的意义主要表现在提高干旱环境条件下的光合作用。从前面的分析我们已知，内蒙古磴口试验点引进品种生长量还是比较高的，特别是株高与黑龙江绥棱试验点的差异不是十分大，从这个意义上来说，内蒙古磴口试验点引进品种叶片数量的增加作用是比较明显的。

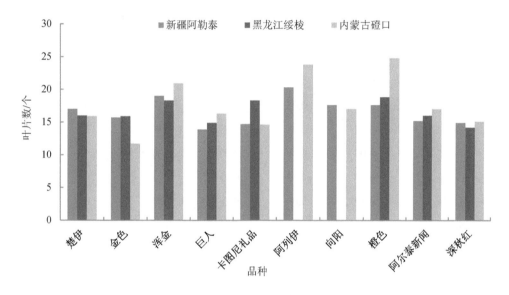

图 2-9　不同试验点不同品种 10 cm 枝条平均叶片数比较

2.1.5　不同品种枝刺比较

2.1.5.1　10 cm 枝条平均棘刺数

表 2-9 和图 2-10 为 10 cm 枝条平均棘刺数统计结果。表 2-9 和图 2-10 表明，在新疆阿勒泰试验点，巨人 1 个品种无刺，楚伊、金色、阿列伊、向阳、橙色、阿尔泰新闻、深秋红 7 个品种近无刺（10 cm 枝条平均棘刺数为 0.02～0.12 个），浑金、卡图尼礼品 2 个品种棘刺数较多（10 cm 枝条平均棘刺数为 0.49～0.57 个）。在黑龙江绥棱试验点，巨人、阿列伊、向阳、深秋红 4 个品种无刺，楚伊、金色、浑金、橙色、阿尔泰新闻 5 个品种近无刺（10 cm 枝条平均棘刺数为 0.01～0.05 个），卡图尼礼品棘刺数较多，10 cm 枝条平均棘刺数为 0.52 个。在内蒙古磴口试验点，金色、巨人、阿尔泰新闻 3 个品种无

刺,楚伊、阿列伊、向阳、橙色、深秋红5个品种近无刺(10 cm 枝条平均棘刺数为0.03~0.16个),浑金、卡图尼礼品2个品种棘刺数较多(10 cm 枝条平均棘刺数为0.33~0.63个)。

表 2-9　不同品种枝条棘刺数统计结果　　　　　　　单位:个

品种	10 cm 枝条平均棘刺数			2 年生枝条平均棘刺数		
	新疆阿勒泰	黑龙江绥棱	内蒙古磴口	新疆阿勒泰	黑龙江绥棱	内蒙古磴口
楚伊	0.03	0.03	0.07	0.57	0.39	0.35
金色	0.07	0.05	0.00	0.97	0.60	0.28
浑金	0.57	0.01	0.63	1.70	0.12	2.61
巨人	0.00	0.00	0.00	0.00	0.36	0.00
卡图尼礼品	0.49	0.52	0.33	1.73	1.75	1.33
阿列伊	0.12	0.00	0.16	1.97	0.00	2.09
向阳	0.07	0.00	0.10	0.73	0.00	0.52
橙色	0.10	0.05	0.05	2.23	0.75	2.35
阿尔泰新闻	0.02	0.01	0.00	0.37	0.22	0.00
深秋红	0.04	0.00	0.03	1.63	0.87	1.23

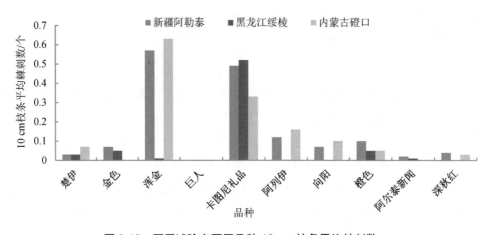

图 2-10　不同试验点不同品种 10 cm 枝条平均棘刺数

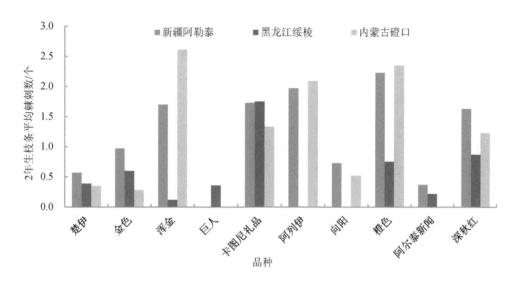

图 2-11　不同试验点不同品种 2 年生枝条平均棘刺数

2.1.5.2　2 年生枝条平均棘刺数

从 2 年生枝条平均棘刺数来看（表 2-9 和图 2-11），新疆阿勒泰试验点为 0～2.23 个，浑金、卡图尼礼品、阿列伊、橙色、深秋红 5 个品种棘刺较多，为 1.63～2.23 个，巨人无刺，其余品种均小于 1 个。黑龙江绥棱试验点为 0～1.75 个，相对来说，卡图尼礼品棘刺数比较多，为 1.75 个，其余品种均小于 1 个。内蒙古磴口试验点引进品种棘刺数为 0～2.61 个，相比较而言，浑金、卡图尼礼品、阿列伊、橙色、深秋红 5 个品种棘刺较多，2 年生枝条平均棘刺数为 1.23～2.61 个，巨人和阿尔泰新闻无刺，其余品种均小于 1 个。很明显，不同品种在三个试验点的棘刺数并不完全一致，在新疆阿勒泰和内蒙古磴口试验点，许多品种棘刺数有明显的增加趋势，这也许是对干旱环境的一种适应或反应。

2.1.6　不同试验点不同品种果实特性比较

2.1.6.1　百果重

表 2-10 和图 2-12～图 2-15 为新疆阿勒泰、黑龙江绥棱和内蒙古磴口三个试验点果实特性指标统计结果。从表 2-10 和图 2-12 可以看出，新疆阿勒泰试验点引进品种百果重 60 g 以上的有楚伊、巨人、阿尔泰新闻、深秋红 4 个品种，分别为 64.32 g、68.63 g、

69.36 g、60.02 g；50～60 g 的有金色、向阳、橙色 3 个品种，百果重分别为 54.13 g、59.62 g、51.28 g；50 g 以下的有浑金、卡图尼礼品 2 个品种，分别为 48.15 g、37.98 g。黑龙江绥棱试验点引进品种百果重 60 g 以上的有楚伊、巨人、阿尔泰新闻 3 个品种，分别为 65.17 g、60.25 g、67.59 g；50～60 g 的有金色、橙色、深秋红 3 个品种，百果重分别为 53.90 g、50.87 g、59.82 g；50 g 以下的有浑金、卡图尼礼品 2 个品种，分别为 49.20 g、38.33 g。内蒙古磴口试验点引进品种 60 g 以上的只有楚伊 1 个品种，百果重为 63.85 g；50～60 g 的有金色、向阳、深秋红 3 个品种，分别为 51.71 g、57.21 g、54.33 g；50 g 以下的有浑金、巨人、卡图尼礼品、橙色、阿尔泰新闻 5 个品种，分别为 32.87 g、45.25 g、38.35 g、38.34 g、42.25 g。从以上数据的比较可以明显看出，除了楚伊、金色、卡图尼礼品在三个试验点的百果重接近一致外，其余品种在内蒙古磴口试验点的百果重均比新疆阿勒泰和黑龙江绥棱试验点有不同程度的下降。陕西永寿试验点一部分品种第 4 年时也能开花结果，但均早落花落果。以上分析表明，百果重也反映出随纬度下降而下降的趋势。

表 2-10 三个试验点果实特性指标

品种	百果重/g			果实纵径/cm			果实横径/cm			果实长宽比		
	新疆阿勒泰	黑龙江绥棱	内蒙古磴口	新疆阿勒泰	黑龙江绥棱	内蒙古磴口	新疆阿勒泰	黑龙江绥棱	内蒙古磴口	新疆阿勒泰	黑龙江绥棱	内蒙古磴口
楚伊	64.32	65.17	63.85	1.28	1.28	1.27	0.85	0.86	0.86	1.51	1.49	1.48
金色	54.13	53.90	51.71	1.15	1.12	1.26	0.85	0.85	0.83	1.35	1.33	1.52
浑金	48.15	49.20	32.87	1.02	1.06	0.98	0.83	0.82	0.81	1.23	1.30	1.21
巨人	68.63	60.25	45.25	1.45	1.32	1.29	0.94	0.81	0.67	1.54	1.62	1.93
卡图尼礼品	37.98	38.33	38.35	0.83	0.95	0.73	0.72	0.77	0.76	1.15	1.24	0.96
向阳	59.62	—	57.21	1.36	—	1.35	0.88	—	0.87	1.55	—	1.55
橙色	51.28	50.87	38.34	1.12	1.05	0.97	0.89	0.86	0.79	1.26	1.22	1.23
阿尔泰新闻	69.36	67.59	42.25	1.37	1.27	0.96	0.74	0.85	0.72	1.85	1.49	1.33
深秋红	60.02	59.82	54.33	1.29	1.24	1.02	0.87	0.82	0.84	1.42	1.43	1.21

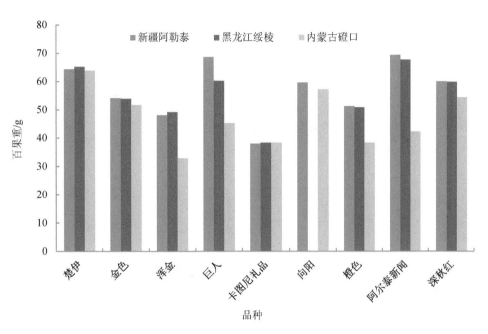

图 2-12　不同试验点不同品种百果重比较

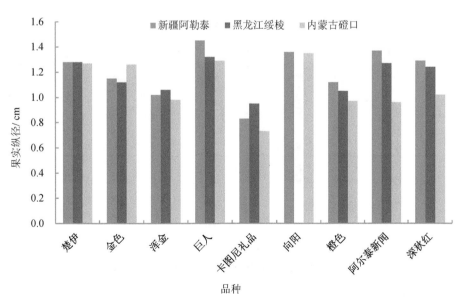

图 2-13　不同试验点不同品种果实纵径比较

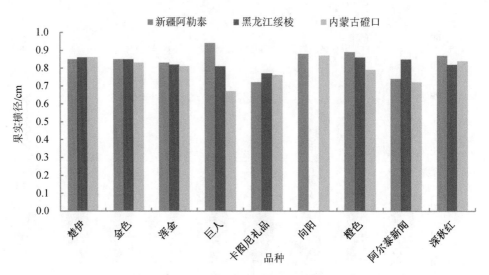

图 2-14　不同试验点不同品种果实横径比较

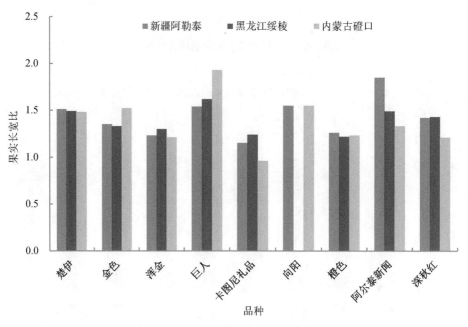

图 2-15　不同试验点不同品种果实长宽比比较

2.1.6.2 果实纵径和横径

从果实纵径比较来看（表 2-10 和图 2-13），新疆阿勒泰试验点引进品种在 0.83～1.45 cm 之间，相比较而言，楚伊、巨人、向阳、阿尔泰新闻、深秋红果实比较长，分别为 1.28 cm、1.45 cm、1.36 cm、1.37 cm、1.29 cm。黑龙江绥棱试验点引进品种在 0.95～1.32 cm 之间，楚伊、巨人、阿尔泰新闻、深秋红果实比较长，分别为 1.28 cm、1.32 cm、1.27 cm、1.24 cm，其余品种为 0.95～1.12 cm。内蒙古磴口试验点引进品种果实纵径为 0.73～1.35 cm，其中楚伊、金色、巨人、向阳果实比较长，分别为 1.27 cm、1.26 cm、1.29 cm、1.35 cm，其余品种为 0.73～1.02 cm。

从果实横径指标看（表 2-10 和图 2-14），新疆阿勒泰试验点为 0.72～0.94 cm，黑龙江绥棱试验点为 0.77～0.86 cm，内蒙古磴口实验点为 0.67～0.87 cm，很明显，横径的变化幅度要小于纵径，同一品种在三个试验点的变异性也较小。

2.1.6.3 果实形状

果实的形状可用果实纵径与横径的比值来表示。表 2-10 和图 2-15 表明，新疆阿勒泰试验点引进品种果实长宽比为 1.15～1.85，相比较而言，楚伊、巨人、向阳、阿尔泰新闻 4 个品种长宽比较大，分别为 1.51、1.54、1.55、1.85，其余品种为 1.15～1.42。黑龙江绥棱试验点引进品种果实长宽比为 1.22～1.62，楚伊、巨人、阿尔泰新闻、深秋红 4 个品种长宽比较大，分别为 1.49、1.62、1.49、1.43，其余品种为 1.22～1.33。从内蒙古磴口试验点来看，果实长宽比为 0.96～1.93，长宽比较大的有楚伊、金色、巨人、向阳，分别为 1.48、1.52、1.93、1.55，其余品种为 0.96～1.33。很明显，不同品种果实形状差异比较大，而且在不同的试验点其形状也不完全相同。例如，乌兰格木在绥棱试验点长宽比为 1.19，而在磴口试验点长宽比为 1.40。又如，卡图尼礼品在绥棱试验点为 1.24，在磴口为 0.96。根据果实长宽比，我们提出以下划分标准。

长宽比<0.90，扁圆形；长宽比为 0.91～1.10，圆形；长宽比为 1.11～1.40，椭圆形；长宽比>1.40，圆柱形。

根据这一划分标准，供试品种果实形状可划分为以下 4 类。

圆形或椭圆形：卡图尼礼品

椭圆形：浑金、橙色

椭圆形或圆柱形：金色、阿尔泰新闻、深秋红

圆柱形：楚伊、巨人、向阳

2.1.6.4 果实特性指标之间的相关性分析

图 2-16 为不同品种果实横径与纵径的回归关系图。从图中可以看出,不同品种果实横径与纵径呈紧密线性相关,即随着果实纵径的增大横径随之增大。相比较而言,楚伊、金色、浑金、巨人、卡图尼礼品、橙色、阿尔泰新闻、深秋红 8 个品种果实纵径与横径呈极显著线性关系($p<0.01$),向阳 1 个品种呈显著线性关系($p<0.05$)。

从一元线性回归方程($y=a+bx$)角度我们还可以进一步进行深入的解释。不难发现,a 值越大,则 b 和 R^2 值越小,即果实的横径主要取决于 a,由于 b 是曲线的斜率,在这种情况下,当 b 值接近于 0 时,表明果实的横径不随纵径的变化而变化,比较稳定,反映出遗传上也可能比较稳定,因此二者在遗传上的关联度比较小。反之,则横径随着纵径的变化而变化,二者在遗传上是紧密相关的。从这个意义上来说,相关指数 R^2 高的品种表明在遗传上纵径和横径的关联度也较大。由于不同品种纵径和横径相关指数 R^2 明显不同,因此在遗传关联度上也是不同的。

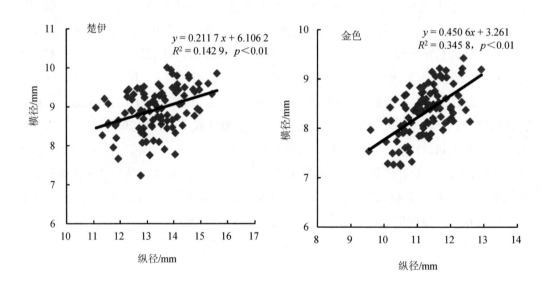

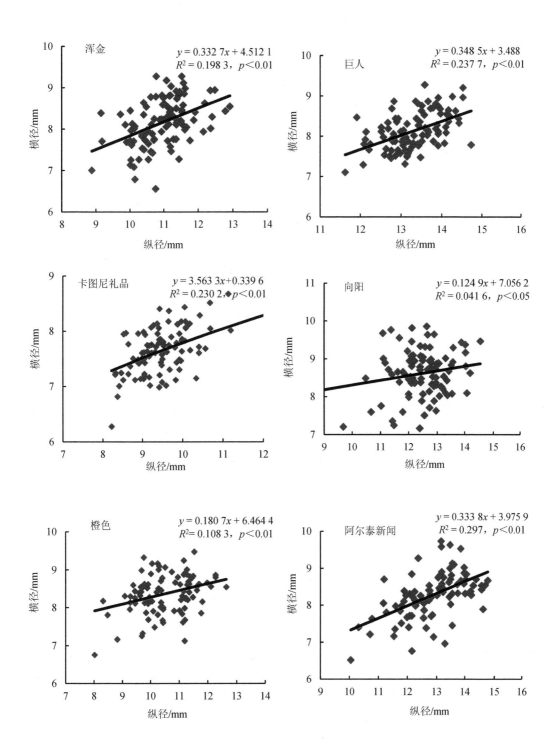

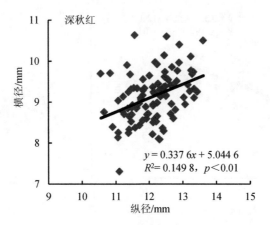

图 2-16　不同品种果实纵径与横径的回归关系

图 2-17 为三个试验点不同品种果实指标与百果重的回归关系图。从图中可以看出，新疆阿勒泰试验点果实纵径、长宽比两个指标与百果重均呈极显著线性关系（$p < 0.01$）。同样，黑龙江绥棱试验点果实纵径、长宽比两个指标与百果重呈极显著、显著线性关系（$p < 0.01$、$p < 0.05$），内蒙古磴口试验点仅果实纵径与百果重呈显著线性关系（$p < 0.05$）。如果将三个试验点的样本合在一起分析，很明显，纵径、横径和长宽比三个指标均与百果重呈极显著线性关系（$p < 0.01$），当然由于果实纵径与百果重的相关指数 R^2 最大，即果实纵径对于百果重的解释率最高，所以选择纵径进行百果重预测，精度将会更高。

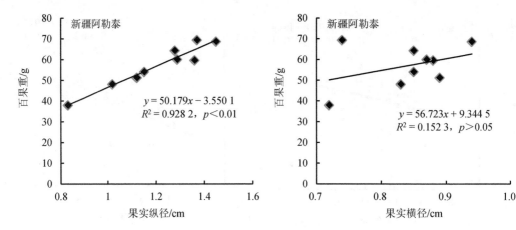

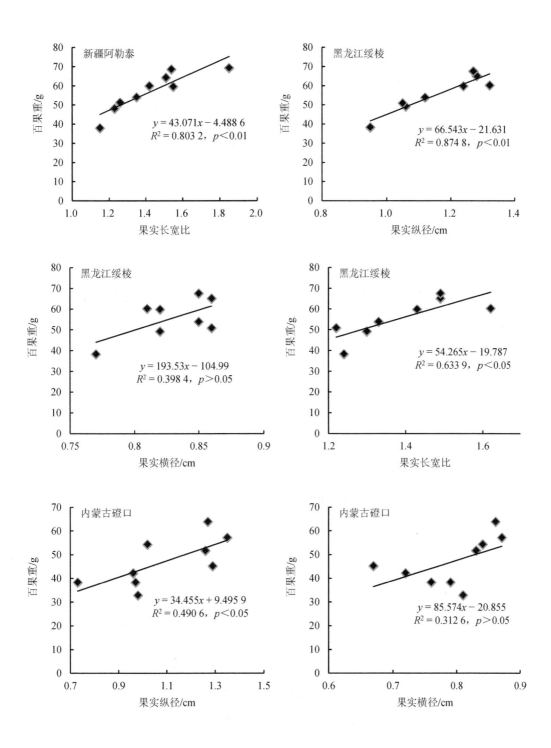

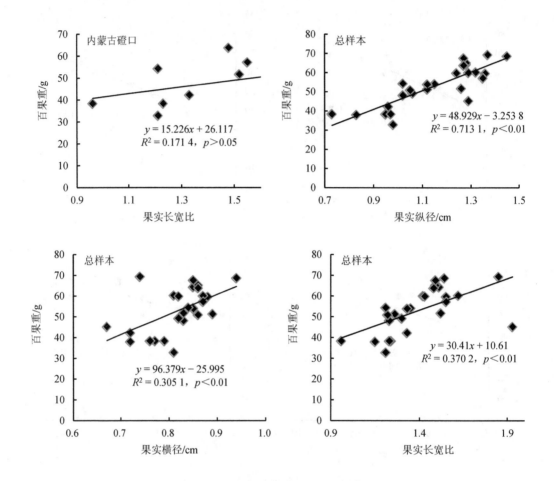

图 2-17　果实特性指标与百果重的回归关系

2.1.7　不同试验点不同品种产量分析

2.1.7.1　不同试验点果实产量和种子产量比较

表 2-11 为新疆阿勒泰、黑龙江绥棱、内蒙古磴口三个试验点 2002 年（第 4 年）产量测定统计结果。表 2-11 表明，新疆阿勒泰试验点单株产量为 0.98～3.57 kg、亩产为 107.80～379.70 kg；黑龙江绥棱试验点单株产量为 1.70～3.86 kg、亩产为 187.00～424.60 kg；内蒙古磴口试验点单株产量为 0.55～1.86 kg、亩产为 60.50～204.60 kg。从品种比较看，2002 年度新疆阿勒泰、黑龙江绥棱试验点供试大果品种的产量均大于内蒙

古磴口（$p<0.01$），但品种不同其差异也不尽相同。新疆阿勒泰试验点 350 kg/亩以上的品种有深秋红、巨人，分别为 379.70 kg/亩、354.20 kg/亩，其他品种为 107.80～339.90 kg/亩。黑龙江绥棱试验点 400 kg/亩以上的品种是深秋红，为 424.60 kg/亩，其他品种为 187.00～344.30 kg/亩。内蒙古磴口试验点无 300 kg/亩以上的品种，深秋红表现最好，为 204.60 kg/亩，其余品种均在 200 kg/亩以下。

表 2-11　三个试验点第 4 年产量测定结果

| 品种 | 新疆阿勒泰 | | | | 黑龙江绥棱 | | | | 内蒙古磴口 | | | |
| | 果实产量 | | 种子产量 | | 果实产量 | | 种子产量 | | 果实产量 | | 种子产量 | |
	kg/株	kg/亩	g/株	kg/亩	kg/株	kg/亩	g/株	kg/亩	kg/株	kg/亩	g/株	kg/亩
楚伊	2.52	277.20	69.03	7.59	2.50	275.00	69.12	7.60	0.92	101.20	31.08	3.42
金色	2.12	233.20	74.45	8.19	2.00	220.00	69.93	7.69	1.29	141.90	15.20	1.67
浑金	3.09	339.90	91.32	10.05	2.80	308.00	84.46	9.29	1.05	115.50	60.54	6.66
巨人	3.22	354.20	88.02	9.68	1.70	187.00	52.50	5.78	1.06	116.60	3.04	0.33
卡图尼礼品	0.98	107.80	36.85	4.05	2.10	231.00	83.24	9.16	1.13	124.30	6.28	0.69
向阳	2.89	317.90	56.42	6.21	—	—	—	—	1.62	178.20	24.39	2.68
橙色	2.01	221.10	67.22	7.39	3.13	344.30	93.65	10.30	1.05	115.50	70.14	7.72
阿尔泰新闻	3.02	332.20	79.51	8.75	2.50	275.00	95.34	10.49	0.55	60.50	26.62	2.93
深秋红	3.57	379.70	96.87	10.66	3.86	424.60	87.45	9.62	1.86	204.60	48.37	5.32

注：株行距为 1.5 m×4 m，亩栽 110 株。

　　种子产量方面，与果实产量相同，新疆阿勒泰、黑龙江绥棱均极显著高于内蒙古磴口（$p<0.01$），新疆阿勒泰试验点单株产量在 90 g/株以上的有浑金、深秋红，分别达到 91.32 g/株、96.87 g/株，亩产分别达到 10.05 kg/亩、10.66 kg/亩；黑龙江绥棱试验点 90 g/株以上的有橙色、阿尔泰新闻，分别达到 93.65 g/株、95.34 g/株，亩产分别达到 10.30 kg/亩、10.49 kg/亩；内蒙古磴口试验点单株产量在 90 g/株以上的没有，唯橙色、浑金为 70.14 g/株、60.54 g/株，其余品种均在 60 g/株以下。

　　表 2-12 为新疆阿勒泰、黑龙江绥棱和内蒙古磴口试验点 2003 年产量测定统计结果。

表 2-12 表明，新疆阿勒泰试验点单株产量为 1.72～4.43 kg、亩产为 189.20～487.3 kg，黑龙江绥棱试验点单株产量为 2.59～5.18 kg、亩产为 284.90～569.80 kg，内蒙古磴口试验点单株产量为 2.08～3.98 kg、亩产为 228.80～437.80 kg。可见，当试验林进入盛果期后，一些品种产量可达到 10 t/hm^2，接近俄罗斯报道的产量水平。2003 年与 2002 年基本相同，新疆阿勒泰、黑龙江绥棱试验点供试大果品种的产量均大于内蒙古磴口（$p <$ 0.01）。2003 年，新疆阿勒泰试验点产量达 400～500 kg/亩的有深秋红、楚伊、浑金、巨人 4 个品种，分别为 487.30 kg/亩、400.40 kg/亩、476.30 kg/亩、437.80 kg/亩，其余品种均在 400 kg/亩以下；黑龙江绥棱试验点产量达 500 kg/亩以上的有深秋红 1 个品种，为 569.80 kg/亩，400～500 kg/亩的有楚伊、浑金 2 个品种，分别为 409.20 kg/亩、482.90 kg/亩，其余品种均在 400 kg/亩以下；内蒙古磴口试验点没有产量达 500 kg/亩以上的品种，表现最好的仍然为深秋红，为 437.80 kg/亩，300～400 kg/亩的有金色、向阳 2 个品种。

表 2-12　三个试验点第 5 年产量测定结果

品种	新疆阿勒泰				黑龙江绥棱				内蒙古磴口			
	果实产量		种子产量		果实产量		种子产量		果实产量		种子产量	
	kg/株	kg/亩	g/株	kg/亩	kg/株	kg/亩	g/株	kg/亩	kg/株	kg/亩	g/株	kg/亩
楚伊	3.64	400.40	154.50	17.00	3.72	409.20	169.32	18.63	2.64	290.40	112.23	12.35
金色	3.12	343.20	144.69	15.92	3.07	337.70	133.99	14.74	2.83	311.30	109.39	12.03
浑金	4.33	476.30	127.97	14.08	4.39	482.90	132.57	14.58	2.29	251.90	86.08	9.47
巨人	3.98	437.80	108.79	11.97	3.63	399.30	103.28	11.36	2.32	255.20	83.72	9.21
卡图尼礼品	1.72	189.20	64.67	7.11	2.59	284.90	91.69	10.09	2.18	239.80	75.25	8.28
向阳	3.35	368.50	126.42	13.91	—	—	—	—	3.01	331.10	106.76	11.74
橙色	2.38	261.80	79.60	8.76	3.50	385.00	120.20	13.22	2.08	228.80	69.53	7.65
阿尔泰新闻	3.37	370.70	88.72	9.76	3.30	363.00	87.07	9.58	2.20	242.00	53.31	5.86
深秋红	4.43	487.3	109.23	12.02	5.18	569.80	102.47	11.27	3.98	437.80	99.82	10.98

注：株行距为 1.5 m×4 m，亩栽 110 株。

种子产量方面，与果实产量相同，新疆阿勒泰、黑龙江绥棱均极显著高于内蒙古磴口（$p <$ 0.01），新疆阿勒泰试验点单株产量在 120 g/株以上的有楚伊、金色、浑金、向阳，

分别达到 154.50 g/株、144.69 g/株、127.97 g/株、126.42 g/株，亩产分别达到 17.00 kg/亩、15.92 kg/亩、14.08 kg/亩、13.91 kg/亩；黑龙江绥棱试验点单株产量在 120 g/株以上的有楚伊、金色、浑金、橙色，分别达到 169.32 g/株、133.99 g/株、132.57 g/株、120.20 g/株，亩产分别达到 18.63 kg/亩、14.74 kg/亩、14.58 kg/亩、13.22 kg/亩；内蒙古磴口试验点单株产量在 120 g/株以上的没有，唯楚伊、金色、向阳超过 100 g/株，为112.23 g/株、109.39 g/株、106.76 g/株，其余品种均在 100 g/株以下。

2.1.7.2　不同试验点单株生长指标与产量的关系

表 2-13 反映了新疆阿勒泰、黑龙江绥棱、内蒙古磴口三个试验点第 4 年产量与生长指标之间的相关性，结果表明，在新疆阿勒泰试验点，产量与地径呈极显著正相关关系（$p<0.01$），株高、地径、冠径三者之间呈显著或极显著正相关关系（$p<0.05$、$p<0.01$）；在黑龙江绥棱试验点，产量与地径呈显著正相关关系（$p<0.05$），与冠径呈极显著正相关关系（$p<0.01$）；而在内蒙古磴口试验点，产量与三个生长指标之间没有表现出明显的相关关系（$p>0.05$），株高、地径、冠径三者之间呈显著或极显著正相关关系（$p<0.05$、$p<0.01$）。

表 2-13　三个试验点产量与生长指标的相关关系

试验点	统计项	株高	地径	冠径	产量
新疆阿勒泰	株高	1.00	0.65*	0.94**	0.51
	地径		1.00	0.65*	0.77**
	冠径			1.00	0.49
	产量				1.00
黑龙江绥棱	株高	1.00	0.68*	0.39	0.53
	地径		1.00	0.82**	0.76*
	冠径			1.00	0.93**
	产量				1.00
内蒙古磴口	株高	1.00	0.84**	0.73*	0.10
	地径		1.00	0.75*	−0.10
	冠径			1.00	−0.17
	产量				1.00

注：*表示 $p<0.05$，**表示 $p<0.01$。

进一步通过逐步回归方法，得到三个试验点产量与生长指标之间的回归方程，如下：

$y_1 = -0.938 + 0.957x_2$，$R=0.771$（$p<0.05$）

$y_2 = -3.928 + 0.043x_3$，$R=0.929$（$p<0.01$）

$y_3 = -0.514 + 0.018x_1 - 0.147x_2 - 0.004x_3$，$R=0.442$（$p>0.05$）

$y_{1\sim3}$ 代表新疆阿勒泰、黑龙江绥棱、内蒙古磴口试验点的沙棘产量，x_1、x_2、x_3 代表株高、地径、冠径。

从回归方程可以看出，新疆阿勒泰试验点较好，复相关系数 R 为 0.771，说明产量与地径的关系最为密切，这一点与表 2-13 的相关性结果相同；黑龙江绥棱试验点的拟合关系最好，复相关系数 R 达到 0.929，说明产量与冠径的关系最为密切，与表 2-13 结果类似，经过逐步回归后将地径指标进行了剔除，主要是冠径与地径之间存在共线性；而内蒙古磴口试验点未达到显著水平，需要进一步跟踪观察。

2.1.8　不同试验点不同品种种子特性比较

2.1.8.1　千粒重

表 2-14 和图 2-18 为新疆阿勒泰、黑龙江绥棱和内蒙古磴口三个试验点千粒重测定结果。从表 2-14 和图 2-18 可以看出，新疆阿勒泰试验点引进品种的千粒重为 11.77～19.01 g，黑龙江绥棱试验点为 11.23～18.95 g，内蒙古磴口试验点为 10.89～18.11 g。新疆阿勒泰试验点 18 g 以上的有金色、巨人、阿尔泰新闻 3 个品种，在 16～18 g 的有楚伊、橙色 2 个品种，14～16 g 的有浑金、卡图尼礼品 2 个品种，14 g 以下的有深秋红 1 个品种。黑龙江绥棱试验点 18 g 以上的有楚伊、金色、巨人、阿尔泰新闻 4 个品种，16～18 g 的有橙色 1 个品种，14～16 g 的有浑金、卡图尼礼品 2 个品种，14 g 以下的有深秋红 1 个品种。内蒙古磴口试验点 18 g 以上的只有金色 1 个品种，16～18 g 的有橙色 1 个品种，14～16 g 的有楚伊、巨人 2 个品种，14 g 以下的有浑金、卡图尼礼品、阿尔泰新闻、深秋红 4 个品种。

表2-14 三个试验点千粒重比较   单位：g

品种	新疆阿勒泰	黑龙江绥棱	内蒙古磴口
楚伊	17.62	18.09	14.39
金色	19.01	18.95	18.11
浑金	14.23	14.91	12.64
巨人	18.76	18.69	15.21
卡图尼礼品	14.28	15.26	12.40
橙色	17.15	17.43	17.07
阿尔泰新闻	18.26	18.95	13.65
深秋红	11.77	11.23	10.89

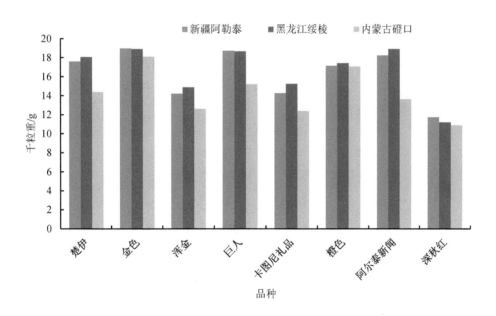

图2-18 不同试验点不同品种千粒重比较

从以上的比较分析中可以看出，新疆阿勒泰和黑龙江绥棱试验点供试的引进品种千粒重均比内蒙古磴口试验点高，这与前面百果重的分析结果是一致的。当然三个试验点不同品种其差异程度是不同的。相比较而言，金色、橙色、深秋红 3 个品种在三个试验点千粒重是比较接近的，差异不明显（$p>0.05$）。楚伊、浑金、巨人、卡图尼礼品、阿尔泰新闻 5 个品种在新疆阿勒泰和黑龙江绥棱的千粒重均显著高于内蒙古磴口（$p<0.05$），新疆阿勒泰和黑龙江绥棱两个试验点之间的差异不显著（$p>0.05$）。

2.1.8.2　种子长度、宽度和厚度

为了便于描述种子的特征，我们用种子长度、宽度、厚度、长宽比、宽厚比 5 个指标来表示。每个品种种子特征值均为随机抽取的 100 粒种子的平均值。统计结果如表 2-15、图 2-19～图 2-21 所示，结果表明，新疆阿勒泰试验点引进品种种子长度、宽度、厚度、长宽比、厚宽比 5 个指标值分别为 5.03～6.72 mm、2.03～2.96 mm、1.67～1.98 mm、1.90～2.81、0.66～0.93，黑龙江绥棱试验点分别为 5.24～6.36 mm、2.21～2.87 mm、1.69～2.18 mm、1.94～2.73、0.69～0.86，内蒙古磴口试验点分别为 4.86～5.98 mm、2.16～2.82 mm、1.54～1.97 mm、1.96～2.77、0.63～0.80。很明显，新疆阿勒泰和黑龙江绥棱试验点供试品种种子特征值要高于内蒙古磴口，表明新疆阿勒泰和黑龙江绥棱试验点种子要比内蒙古磴口大，这与千粒重的结果是一致的。

关于种子的形状同样也可用长宽比来分析，即用种子的纵径与横径的比值来表示。从表 2-15 可以看出，引进品种长宽比在 1.90～2.81 之间，根据种子长宽比值的这种特点，引进品种全部为长卵形。

表 2-15　不同试验点不同品种种子特征值比较

试验点	品种	长/mm	宽/mm	厚/mm	长宽比	厚宽比
新疆阿勒泰	楚伊	6.02	2.57	1.88	2.34	0.73
	金色	6.45	2.96	1.94	2.18	0.66
	浑金	5.03	2.64	1.73	1.91	0.66
	巨人	6.72	2.71	1.96	2.48	0.72
	卡图尼礼品	5.11	2.14	1.98	2.39	0.93
	向阳	5.25	2.03	1.67	2.58	0.82
	橙色	5.42	2.85	1.92	1.90	0.67
	阿尔泰新闻	5.92	2.63	1.85	2.25	0.70
	深秋红	6.29	2.24	1.73	2.81	0.77

试验点	品种	长/mm	宽/mm	厚/mm	长宽比	厚宽比
黑龙江绥棱	楚伊	6.13	2.87	1.97	2.28	0.74
	金色	6.36	2.86	1.98	2.24	0.70
	浑金	5.51	2.73	1.87	2.01	0.69
	巨人	6.36	2.65	1.95	2.41	0.74
	卡图尼礼品	5.24	2.54	2.18	2.07	0.86
	橙色	5.51	2.86	1.95	1.94	0.69
	阿尔泰新闻	5.97	2.75	1.97	2.20	0.72
	深秋红	6.03	2.21	1.69	2.73	0.76
内蒙古磴口	楚伊	5.82	2.58	1.81	2.27	0.71
	金色	5.78	2.34	1.73	2.50	0.75
	浑金	4.86	2.35	1.63	2.11	0.71
	巨人	5.78	2.20	1.57	2.49	0.68
	卡图尼礼品	4.87	2.49	1.97	1.96	0.80
	向阳	5.75	2.46	1.87	2.35	0.76
	橙色	5.50	2.82	1.80	1.97	0.64
	阿尔泰新闻	5.75	2.47	1.54	2.35	0.63
	深秋红	5.98	2.16	1.67	2.77	0.77

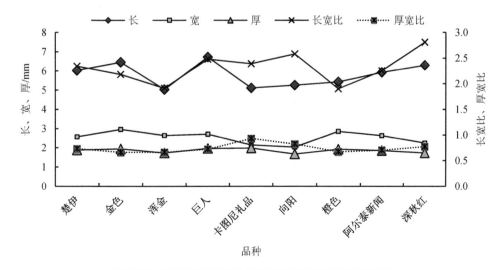

图 2-19　新疆阿勒泰试验点不同品种种子特征指标比较

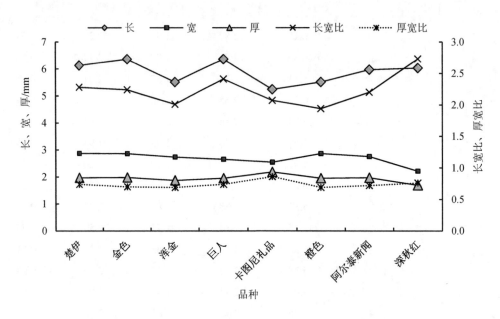

图 2-20　黑龙江绥棱试验点不同品种种子特征指标比较

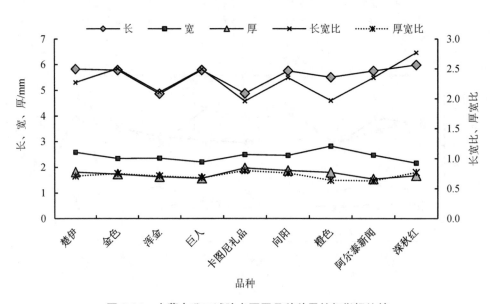

图 2-21　内蒙古磴口试验点不同品种种子特征指标比较

2.1.8.3 种子长度、宽度和厚度之间的关系

图 2-22 为不同品种种子长度、宽度和厚度之间的关系图。从种子长度与宽度的关系看，9 个品种种子宽度均随长度的增加而增加，呈正相关关系，但不同品种宽度随长度增加的幅度是不同的。楚伊、金色、浑金、卡图尼礼品、深秋红呈极显著正相关（$p<0.01$），向阳表现出显著正相关（$p<0.05$），巨人、橙色、阿尔泰新闻相关性不明显（$p>0.05$）。种子宽度与厚度之间不存在明显的相关关系，呈正相关的有楚伊、金色、巨人、卡图尼礼品、向阳、橙色、深秋红，但不显著（$p>0.05$），同样，呈负相关的浑金、阿尔泰新闻也不显著（$p>0.05$），说明种子宽度与厚度之间无必然联系。关于长度与厚度的关系，除橙色表现为负相关以外，其余 8 个品种均为正相关关系，但所有品种均未达到显著性水平（$p>0.05$）。

总之，三个试验点大部分品种种子宽度随长度的变化而变化，反映出这两个指标在遗传和环境适应性上的紧密相关性。相比较而言，种子的厚度随种子长度和宽度的变化不明显，反映出种子厚度这一指标在遗传上是比较稳定的，对环境的变化不敏感。

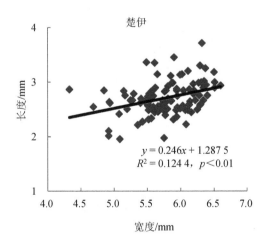

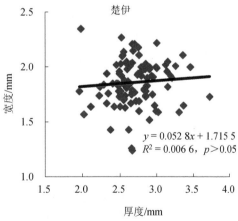

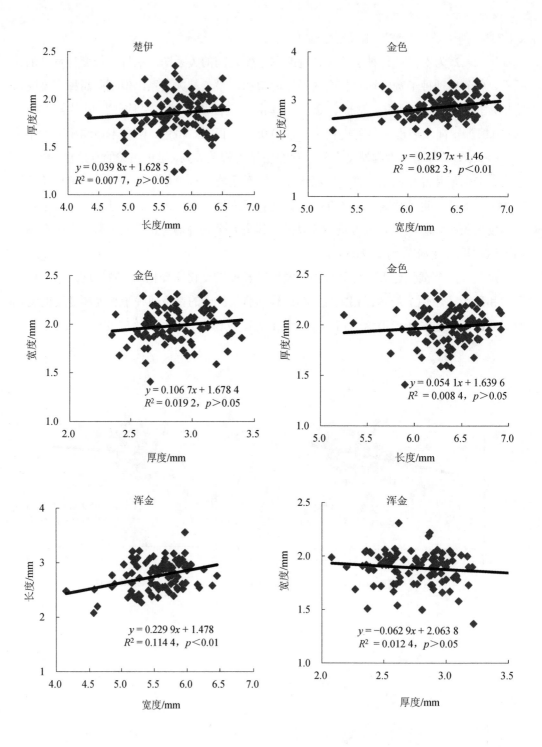

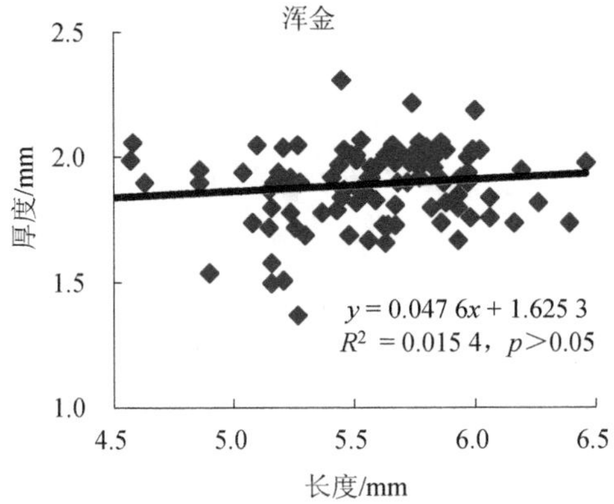
浑金
厚度/mm
2.5
2.0
1.5
1.0
4.5
5.0
5.5
6.0
6.5
长度/mm
y = 0.047 6x + 1.625 3
R² = 0.015 4，p>0.05

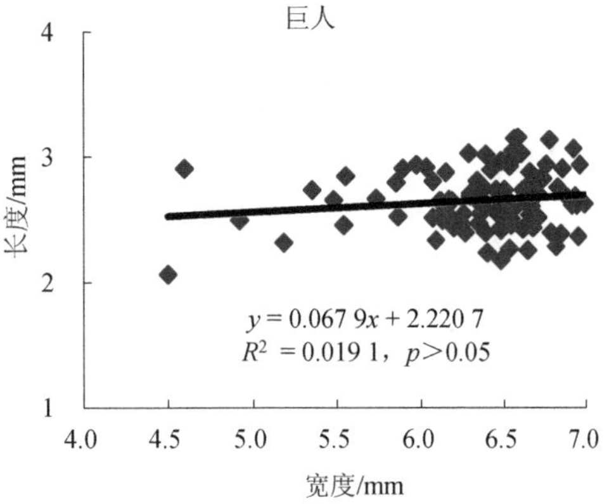
巨人
长度/mm
4
3
2
1
4.0
4.5
5.0
5.5
6.0
6.5
7.0
宽度/mm
y = 0.067 9x + 2.220 7
R² = 0.019 1，p>0.05

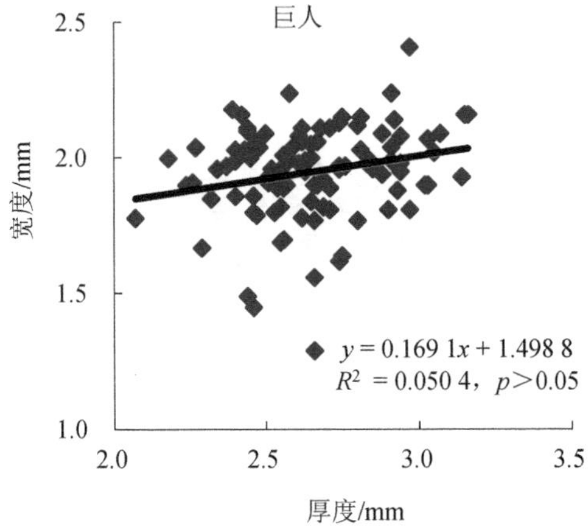
巨人
宽度/mm
2.5
2.0
1.5
1.0
2.0
2.5
3.0
3.5
厚度/mm
y = 0.169 1x + 1.498 8
R² = 0.050 4，p>0.05

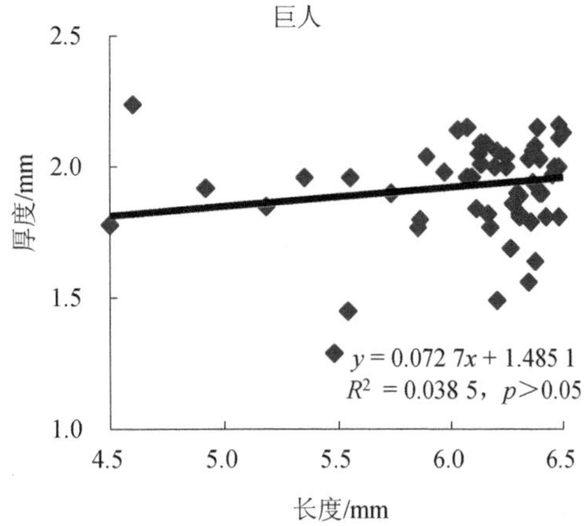
巨人
厚度/mm
2.5
2.0
1.5
1.0
4.5
5.0
5.5
6.0
6.5
长度/mm
y = 0.072 7x + 1.485 1
R² = 0.038 5，p>0.05

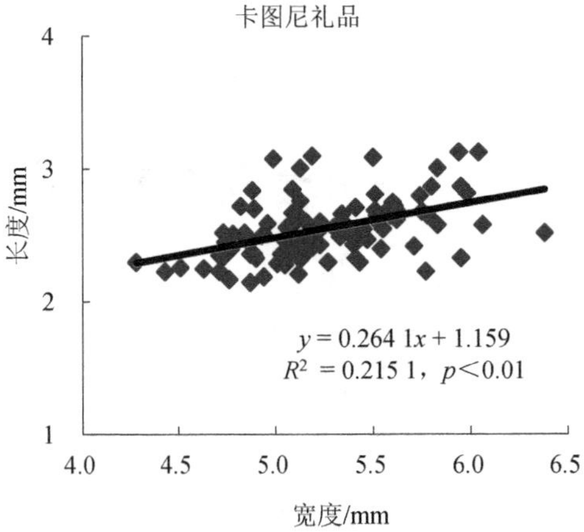
卡图尼礼品
长度/mm
4
3
2
1
4.0
4.5
5.0
5.5
6.0
6.5
宽度/mm
y = 0.264 1x + 1.159
R² = 0.215 1，p<0.01

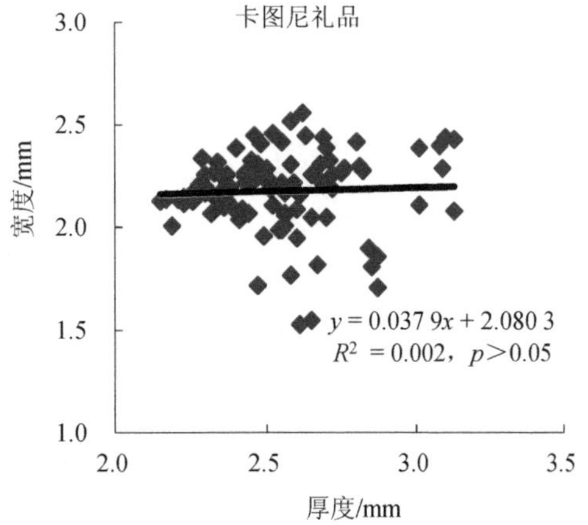
卡图尼礼品
宽度/mm
3.0
2.5
2.0
1.5
1.0
2.0
2.5
3.0
3.5
厚度/mm
y = 0.037 9x + 2.080 3
R² = 0.002，p>0.05

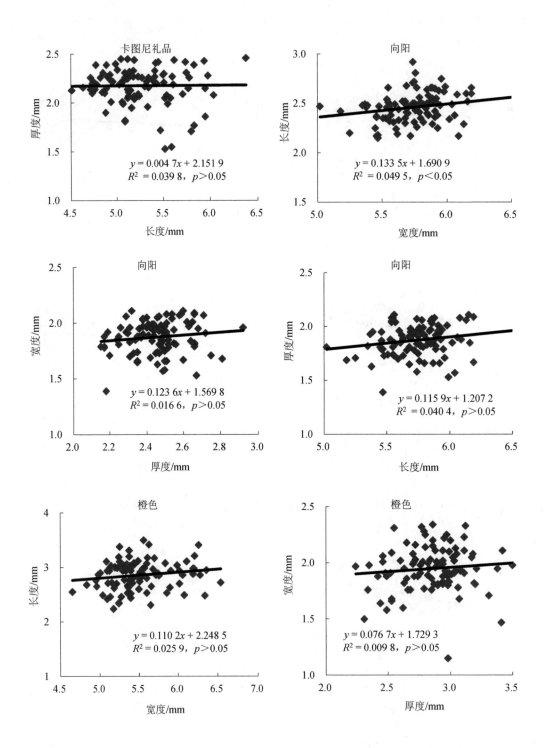

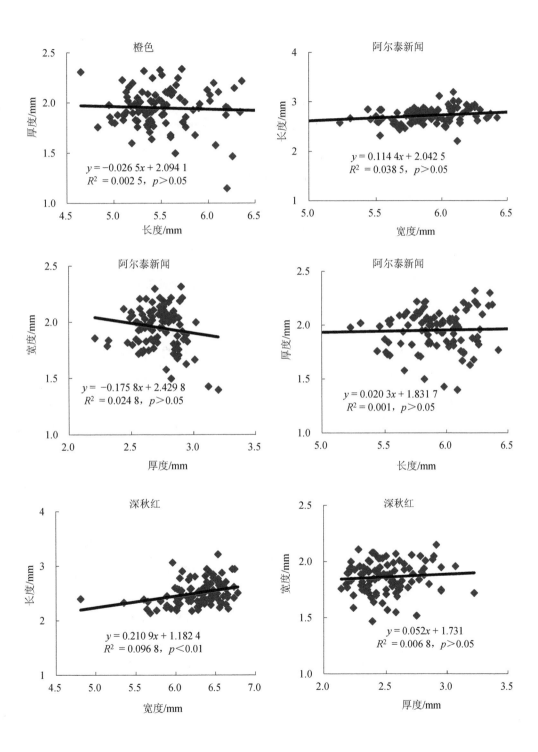

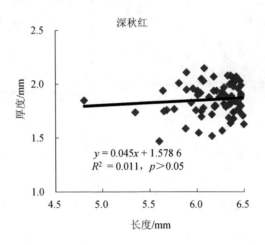

图 2-22　不同品种种子长度、宽度和厚度之间的关系

2.1.8.4　种子形态指标与千粒重的关系

图 2-23 为三个试验点 9 个品种种子形态指标与千粒重的一元线性回归分析结果。从图 2-23 可以看出，种子长度、宽度、长宽比 3 个指标均与千粒重呈极显著线性正相关（$p<0.01$），即种子长度越长、宽度越宽、长宽比越大，种子千粒重越大；厚度与千粒重呈一定线性关系，但未达到显著水平（$p>0.05$）；厚宽比与千粒重基本没关系。

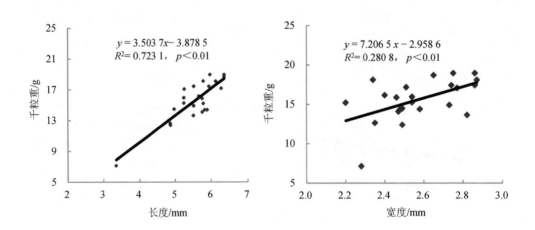

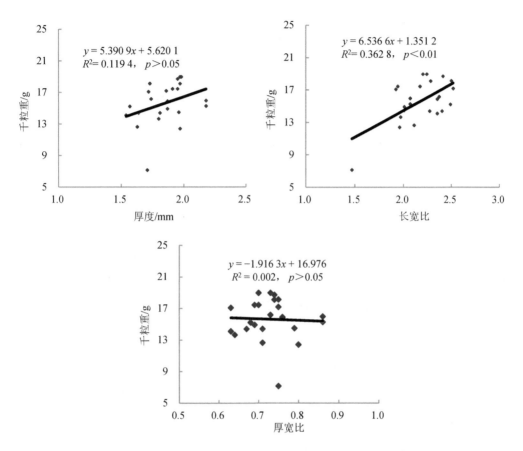

图 2-23　种子形态指标与千粒重的关系

2.1.8.5　种子千粒重与百果重的关系

关于种子千粒重与百果重的关系如表 2-16 所示。从表 2-16 可以看出，这三个试验点不同品种的千粒重与百果重均呈现极显著线性相关（$p<0.01$），反映出果实的大小与种子呈正相关关系，果实越大，种子也越大，自然千粒重也越大。因此，我们可根据回归方程进行百果重和千粒重之间的相互转换，既可通过百果重预测千粒重，也可通过千粒重预测百果重，其预测精度比较高。

表 2-16　种子千粒重与百果重的关系

试验点	c_1	c_2	R^2	F	残差平方和	p
新疆阿勒泰	−6.689 5	3.524 6	0.657 2	42.173 0	1 023.293 3	0.000 0
黑龙江绥棱	−23.028 4	4.518 2	0.667 5	18.068 1	273.328 4	0.002 1
内蒙古磴口	−17.124 7	3.037 4	0.542 4	13.040 9	695.410 9	0.004 1

注：c_1、c_2 为参数；R^2 为决定系数；F 为方差检验量。

2.1.8.6　种子发芽率

为了了解引进品种在我国生产的种子的发芽能力，2003 年 6 月，我们对楚伊、金色、浑金、巨人、卡图尼礼品、橙色、阿尔泰新闻、深秋红进行发芽试验。供试验的引进品种种子均是 2002 年新疆阿勒泰区域化试验林生产的种子。种子预处理方法：用 45℃温水浸泡 24 h，自然冷却。发芽条件为温度 25℃，每天光照 8 h。发芽测定结果如表 2-17 和图 2-24 所示。

表 2-17　不同品种发芽率比较　　　　　　　　　　　　单位：%

品种	发芽率				腐烂率
	发芽第 6 天	发芽第 10 天	发芽第 14 天	发芽第 19 天	
楚伊	1	12	16	16	84
金色	11	62	68	68	32
浑金	1	23	54	54	46
巨人	4	25	70	70	30
卡图尼礼品	2	17	67	67	33
橙色	11	50	58	58	42
阿尔泰新闻	5	43	73	73	27
深秋红	3	71	79	79	21

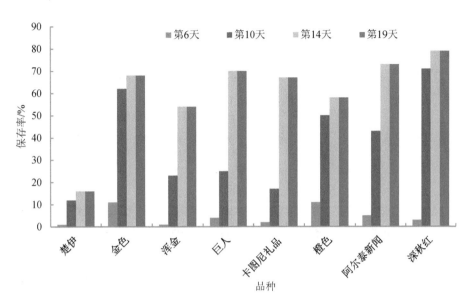

图 2-24　不同品种发芽率比较

从表 2-17 和图 2-24 可以明显看出，发芽在第 6 天时，发芽率最高的 2 个品种是金色和橙色，其原因可能与适应性有关，其他品种发芽率只有 1%～5%。发芽第 10 天，深秋红、金色发芽率大幅度上升，达到 60% 以上。相比较而言，楚伊、浑金、巨人、卡图尼礼品 4 个品种发芽率较低，其中楚伊最低。发芽第 14 天时，所有供试品种发芽已完全结束，每个品种达到了最大发芽率。发芽率高的品种有深秋红、阿尔泰新闻、巨人、金色、卡图尼礼品，发芽率≥67%；其次为橙色、浑金，发芽率分别为 58% 和 54%；楚伊的发芽率最低，仅为 16%，其原因是空粒比较多，发霉腐烂率最高，达到 84%。

2.1.8.7　不同品种种子活性物质比较

表 2-18 表明，总黄酮在 200 mg/hg 以上的品种有浑金、巨人、深秋红和阿尔泰新闻，分别为 223.38 mg/hg、216.98 mg/hg、211.82 mg/hg 和 204.62 mg/hg，其余品种种子的总黄酮均在 200 mg/hg 以下。相比较而言，卡图尼礼品、金色、向阳和橙色 4 个品种总黄酮较高，分别达到 183.55 mg/hg、177.63 mg/hg、170.77 mg/hg 和 165.35 mg/hg；而楚伊最小，为 144.94 mg/hg。很明显，不同品种间的总黄酮差异比较显著。

从黄酮的组分看，除了向阳 1 个品种的山奈酚（64.42 mg/hg）高于槲皮素（59.80 mg/hg）外，其余 8 个品种均是槲皮素高于山奈酚，为 73.81～103.48 mg/hg。此外，比较山奈酚和异鼠李素可见，除了楚伊和向阳的山奈酚（分别为 42.83 mg/hg、64.42 mg/hg）高于异鼠李素（分别为 28.30 mg/hg、46.55 mg/hg）外，其余品种均是异鼠李素（47.95～76.00 mg/hg）高于山奈酚（36.25～54.95 mg/hg）。

表 2-18　不同品种种子黄酮和维生素 E 比较　　　　　　单位：mg/hg

品种	槲皮素	山奈酚	异鼠李素	总黄酮	VE	粗脂肪
楚伊	73.81	42.83	28.30	144.94	9.82	7.30
金色	82.04	40.15	55.44	177.63	11.40	9.91
浑金	103.48	54.95	64.95	223.38	8.74	6.14
巨人	88.65	52.33	76.00	216.98	19.28	7.34
卡图尼礼品	93.83	36.60	53.12	183.55	11.86	8.55
橙色	81.15	36.25	47.95	165.35	11.94	8.74
向阳	59.80	64.42	46.55	170.77	11.98	8.14
阿尔泰新闻	88.37	52.18	64.07	204.62	6.02	5.23
深秋红	100.32	42.41	69.09	211.82	14.60	9.96

注：维生素 E 在表中及下文均简称 VE。

总黄酮与各组分质量分数之间的关系从图 2-25 可以明显看出，总黄酮与各组分之间呈明显的正相关，即随着总黄酮的增加，3 种组分均呈增加趋势。相比较而言，槲皮素增量最高，其次为异鼠李素，山奈酚最低。

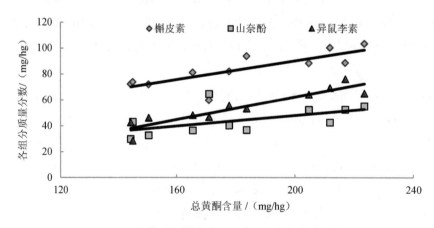

图 2-25　总黄酮与槲皮素、山奈酚及异鼠李素含量的关系

从 VE 含量看，9 个品种差异也非常明显（见表 2-18）。巨人 VE 含量最高，达到 19.28 mg/hg；阿尔泰新闻最小，为 6.02 mg/hg；其余品种为 8.74～14.60 mg/hg。相比较而言，深秋红、向阳、橙色、卡图尼礼品和金色 5 个品种比较高，分别为 14.60 mg/hg、11.98 mg/hg、11.94 mg/hg、11.86 mg/hg 和 11.40 mg/hg，而楚伊、浑金 2 个品种 VE 含量比较低，分别为 9.82 mg/hg、8.74 mg/hg。从粗脂肪的比较看，不同品种间差异也十分显著，总的变化范围为 5.23～9.96 mg/hg。

不同品种种子脂肪酸成分质量分数见表 2-19，结果表明，引进品种的棕榈酸和硬脂酸分别为 9.36%～25.57%和 2.70%～7.27%，不同品种之间的差异是非常明显的（$p < 0.01$）。

表 2-19　不同品种种子脂肪酸成分质量分数　　　　单位：%

品种	饱和脂肪酸		不饱和脂肪酸		
	棕榈酸 $C_{16:0}$	硬脂酸 $C_{18:0}$	油酸 $C_{18:1}$	亚油酸 $C_{18:2}$	亚麻酸 $C_{18:3}$
楚伊	15.02	3.27	65.70	10.89	4.35
金色	15.17	5.01	14.60	26.88	20.47
浑金	9.93	2.70	26.91	45.10	3.51
巨人	11.31	4.15	18.02	34.11	25.66
卡图尼礼品	16.39	6.02	24.14	20.12	11.44
橙色	9.36	3.35	15.27	17.10	17.22
向阳	11.67	4.25	17.96	36.17	19.66
阿尔泰新闻	10.48	3.45	18.70	13.32	10.01
深秋红	25.57	7.27	11.64	17.96	18.15

从不饱和脂肪酸组分看，油酸含量最高为楚伊（65.70%），极显著高于其余品种（$p < 0.01$），浑金和卡图尼礼品次之，分别为 26.91%、24.14%，其余品种均在 20% 以下。就亚油酸而言，浑金（45.10%）、向阳（36.17%）、巨人（34.11%）3 个品种均高于其他品种。就亚麻酸而言，巨人和金色较高，分别为 25.66%、20.47%，其余品种均低于 20%。

关于脂肪酸，近年来随着对脂肪酸营养功能了解的不断增加，研究发现脂肪酸还有重要的免疫调节作用。摄食脂肪酸对免疫机能的促进作用主要表现在以下几个方面：

①促进抗体的产生和抗体对抗原的应答反应。所谓抗体对抗原的应答反应是指机体

接触抗原后，在抗原的刺激下产生抗体的反应。

②增强淋巴细胞的增殖和分化，使体内淋巴细胞的数量和 T 辅助性细胞与 T 抑制性细胞的比率升高。

③提高免疫细胞介导的细胞毒素作用，即免疫细胞释放细胞毒素，溶解并使靶细胞（如病毒感染细胞、肿瘤细胞）死亡的作用。

④促进细胞因子的产生。在免疫过程中产生的细胞因子，是免疫细胞受抗原或丝裂原刺激后产生的非抗体、非补体的具有激素性质的蛋白质分子，在免疫应答和炎症反应中有多种生物学活性作用。

需要指出的是，脂肪酸特别是不饱和脂肪酸，对疾病的发生和肿瘤的生长有明显的抑制作用。例如，在饲料中添加鱼油（属不饱和脂肪酸），能降低心血管疾病和肾小球性肾炎的发生率，抑制人的乳腺癌细胞的生长，而且乳腺癌细胞受抑制的程度随鱼油浓度的升高而增大。但不同的脂肪酸所起的作用是不同的，许多实验证明，鱼油对免疫机能的调节和对疾病的抑制作用明显高于玉米油和饱和脂肪酸，这很可能是因为鱼油通过前列腺素 E2 合成减少，或通过改变细胞膜的结构和流动性而影响了免疫细胞的功能。总之，食物中缺乏脂肪酸，可表现为动物生长缓慢或停滞，淋巴组织萎缩，抗体应答反应能力降低，淋巴细胞增殖和细胞毒作用受抑制。脂肪酸特别是多聚不饱和脂肪酸含量过高，也能抑制机体免疫功能，使人增加对传染病和癌症的易感性。

2.1.9　品种适应性及其综合评价

新引进的大果沙棘品种，在大面积推广之前，都需要经过区域化试验来鉴定其生长适应性及产量水平，为以后的推广和合理利用提供科学依据。目前，我国引进的俄罗斯大果沙棘在推广中存在的主要问题就是缺乏区域化试验成果，沙棘良种的栽培处于盲目阶段，损失相当严重。因此，大果沙棘的区域化试验显得极为必要和迫切。

2.1.9.1　品种区域化试验 AMMI 模型分析

区域化试验中需要研究的主要效应有：①品种效应；②地区效应；③年际效应；④品种与地点的互作效应。评定一个品种的应用价值，一般主要考虑以下三个效应值：品种效应、品种与地点的互作效应、品种与年份的互作效应。品种效应显著而互作效应小的品种是具有广泛适应性的丰产型品种，适于大面积推广，而互作效应显著的品种具有特殊适应性（如对环境条件有特殊要求），只能在特定地区推广。

品种区域化试验旨在鉴定品种的丰产性、稳定性和适应性。参加区试的品种在不同地点的生长、产量表现往往是不一致的。这表明品种的基因型与环境互作（G×E）效应的存在。以往对这种互作效应大多采用线性模型进行分析，但是，线性模型一般仅能解释很少一部分交互作用的变化。近年来，一种更为有效的加性主效应和乘积交互作用（Additive Main effects and Multiplicative Interaction，AMMI）模型已开始被用于多年多点的区域化试验资料分析。该模型与方差分析模型、线性回归模型相比，其应用范围更广，且更有效。在本书中，我们采用无区组 AMMI 模型进行分析，详细的分析方法可参阅《实用统计分析及其 DPS 数据处理系统》一书（唐启义等，2002）。

表 2-20 为品种比较试验 AMMI 模型分析结果。从表中可以看出，品种效应保存率达到 0.090 400 显著水平，株高达到 0.007 313 极显著水平，冠径达到 0.000 047 极显著水平。很明显，区域化试验反映出的品种效应是比较明显的。从地点效应（环境效应）看，保存率达到 0.000 018 极显著水平，株高达到 0.000 001 极显著水平，冠径达到 0.000 000 极显著水平，可见在地点效应上 3 个生长指标均达到极显著水平。从品种与地点的互作效应看，保存率达到 0.258 379 水平，株高达到 0.235 490 水平，冠径达到 0.007 658 水平，可见互作效应只有冠径达到极显著水平。从 F 值的比较可以明显地看出，地点 F 值明显大于品种和交互作用，表明影响大果沙棘在我国的适应性的主要因子是环境因子。因此，在大果沙棘品种的推广中首先要注意地理位置；其次，由于品种效应比较明显，冠径互作效应也比较显著，在适宜栽培区确定的基础上，还需要考虑品种的适应性差异，即需要进行品种的筛选，只有这样才能达到丰产、稳产的目的。

表 2-20　品种比较试验 AMMI 模型分析结果

生长指标	变异来源	df	SS	MS	F	p
保存率/%	总体	29	47 006.26	1 068.324		
	品种	9	11 132.73	795.195	2.134 737	0.090 400
	地点	2	21 107.25	10 553.620	28.331 67	0.000 018
	交互作用	18	14 766.28	527.367	1.415 741	0.258 379
	PCA1	10	9 923.75	661.583	1.776 05	0.152 420
	误差	8	4 842.54	372.503		

生长指标	变异来源	df	SS	MS	F	p
株高/cm	总体	29	228 397.30	5 190.849		
	品种	9	67 690.88	4 835.063	4.145 377	0.007 313
	地点	2	112 742.80	56 371.410	48.33 044	0.000 001
	交互作用	18	47 963.63	1 712.987	1.468 642	0.235 490
	PCA1	10	32 800.75	2 186.717	1.874 798	0.130 963
	误差	8	15 162.87	1 166.375		
冠径/cm	总体	29	187 962.20	4 271.867		
	品种	9	46 703.84	3 335.989	11.188 78	0.000 047
	地点	2	110 007.10	55 003.570	184.479 90	0.000 000
	交互作用	18	31 251.17	1 116.113	3.743 40	0.007 658
	PCA1	10	27 375.16	1 825.010	6.121 02	0.001 094
	误差	8	3 876.01	298.155		

注：df 为自由度；SS 为平方和；MS 为均方，F 为两个均方的比值；p 为显著水平。

2.1.9.2 引进品种气候适应性分析

树木引种的实践表明，原产地与引入地区气候具有相似性是树木引种必须遵循的最基本原则。从这一角度出发，从高纬度的俄罗斯和蒙古引进的大果沙棘品种被栽培到我国的低纬度地区，气候的相似性分析就显得极为重要。本书在分析原产区气候因子的基础上，提出应用年平均温度、年降水量、最冷月平均气温、最热月平均气温 4 个气象因素指标对大果沙棘在我国的可能适应区进行区划。具体指标范围为，年平均温度−5~6℃、年降水量 200~650 mm、最冷月平均气温−50~25℃、最热月平均气温−10~50℃。通过地理信息系统得到的引进大果沙棘品种在我国的气候可能适应性区划结果表明，大果沙棘在我国可能的最佳适应区是东北三省和内蒙古东北部地区，新疆北部局部地区和内蒙古中西部也是适应区，黄河以北的中西部部分地区和青藏高原的部分地区为可能的引种驯化区。有趣的是，这一气候区划与目前沙棘属植物在我国的天然分布和人工栽培区基本重合。

再看看沙棘在新疆引种的情况。新疆有着特殊的地理位置、土壤性状及气候特征。

新疆位于我国西北边陲,东经 75°50′—95°34′,北纬 35°31′—48°34′,面积约 $166×10^4\ km^2$, 约占我国国土面积的 1/6。新疆四周环山,中部天山山脉横跨东西,把新疆分成南、北疆两大部分。北疆准噶尔盆地周围形成绿洲农业生产圈,南疆中部塔里木盆地形成周边绿洲农业生产圈及塔里木河沿岸绿洲生产带。新疆地处亚欧大陆腹地,属温带大陆性干旱气候,干旱少雨,光温资源丰富,温差大,日照时间长,地面植被少,荒漠面积大。

由于天山能阻挡冷空气南侵,天山成为气候分界线,北疆属中温带,南疆属暖温带。年平均气温南疆平原 10～13℃,北疆平原低于 10℃。极端最高气温出现在吐鲁番,曾达 48.9℃；极端最低气温出现在富蕴县境可可托海,曾达−51.5℃。日平均≥10℃的年累积气温,南疆平原达 4 000℃以上,北疆平原大多不到 3 500℃。南疆平原无霜期 200～220 天,北疆平原大多不到 150 天。天山北坡中山带冬季存在逆温层,逆增率 3～5℃/1 000 m。逆温层山地是冬季放牧场和避冷胜地,如乌鲁木齐市南山滑雪场。新疆的降水主要来自大西洋的盛行西风气流,其次来自北冰洋的冷湿气流,太平洋和印度洋的季风都难进入新疆。全疆平均年降水量仅 145 mm,为全国平均值(630 mm)的 23%,在全球同纬度各地中,新疆几乎是最少的。降水分布规律是:北疆多于南疆,西部多于东部,山地多于平原,盆地边缘多于盆地中心,迎风坡多于背风坡。阿勒泰地区地处新疆最北部,东部与蒙古国接壤,西部、北部与哈萨克斯坦和俄罗斯交界,边界线长 1 050 km,南部与昌吉回族自治州相连。东西长 402 km,南北宽 464 km,总面积 11.7 万 km²,占全疆土地面积的 7%。处欧亚大陆腹地,北部有宏伟的阿尔泰山,分布有大量的野生蒙古沙棘、部分的中亚沙棘等沙棘资源,为沙棘种植、选育、繁育提供了极好的参考依据。需要说明的是,评价沙棘的品种适应性,仅用气象指标是不够的,还要考虑海拔、灌溉因素,特别是中西部地区的灌溉因素。就准确的适应性区划而言,还需要将区域化试验结果进行叠加才能提出。

2.1.9.3　品种适应性及其综合评价

新疆阿勒泰试验点属中温带、黑龙江绥棱试验点属寒温带,品种适应性的综合评价结果主要反映了品种的抗寒性。内蒙古磴口和陕西永寿试验点为暖温带,试验点影响生长的因子主要是干旱和贫瘠,所以综合评价结果主要反映抗旱性。运用以上分析,根据引进品种试验的目的,综合评价可选择保存率、株高、冠径、产量等指标。如果只考虑适应性,可选择保存率和生长指标;如果既重视适应性又重视经济效益,可选择保存率、生长、产量指标。本试验选择保存率、株高和冠径 3 个指标，并且以第 5 年的数据为基础进行适应性综合评价。在进行综合评价时，我们构造了如下隶属函数：

①保存率　　$\mu_1(x_1) = $ 保存率/100

②株高　　　$\mu_2(x_2) = \begin{cases} 株高/300, & x_2 < 300 \\ 1, & x_2 \geq 300 \end{cases}$

③冠径　　　$\mu_3(x_3) = \begin{cases} 冠径/250, & x_3 > 250 \\ 1, & x_3 \geq 250 \end{cases}$

④综合指数　$E = [\mu_1 + (\mu_2 + \mu_3)/2]/2$

根据以上隶属函数，计算出 4 个试验点的综合指数（见表 2-21），从综合指数 E 值可以看出，新疆阿勒泰和黑龙江绥棱试验点的 E 值显著高于内蒙古磴口和陕西永寿试验点的 E 值，与前面章节分析的结果一致，原因主要是磴口、永寿两个试验点较为干旱，且灌溉条件差。向阳在黑龙江全部死亡，在新疆的 E 值仅为 0.201，反映出这个品种适应性最差，即耐寒性比较差。

表 2-21　四个试验点不同品种适应性综合评价指数

品种	新疆阿勒泰	黑龙江绥棱	内蒙古磴口	陕西永寿
楚伊	0.710	0.756	0.353	0.106
金色	0.566	0.669	0.323	0.119
浑金	0.673	0.719	0.582	0.162
巨人	0.682	0.746	0.244	0.122
卡图尼礼品	0.729	0.744	0.340	0.165
阿列伊	0.751	0.635	0.468	0.149
向阳	0.201	0.000	0.439	0.121
橙色	0.545	0.453	0.512	0.000
阿尔泰新闻	0.622	0.370	0.349	0.159
深秋红	0.791	0.647	0.471	0.234

在新疆阿勒泰试验点，E 值在 0.7 以上的有深秋红、阿列伊、卡图尼礼品、楚伊 4 个品种，分别为 0.791、0.751、0.729、0.710。同样，在黑龙江绥棱试验点也有 4 个品种 E 值高于 0.7，即楚伊、巨人、卡图尼礼品、浑金，分别为 0.756、0.746、0.744、0.719。内蒙古磴口试验点的 E 值全部在 0.6 以下，浑金和橙色的 E 值在该试验点较高，分别为 0.582、0.512，显示出较强的抗旱性；深秋红、向阳、阿列伊的 E 值在 0.4～0.5 之间，表明这 3 个品种也具有一定抗旱性。

从以上的 E 值分析可以明显看出，从高纬度引进的品种，在中国的适应性是随着纬度的下降而逐渐下降的。从这个意义上来说，新疆阿勒泰、黑龙江绥棱试验点是最适宜引种区，内蒙古磴口试验点是适宜引种区，而陕西永寿试验点则是不适应区。

2.1.9.4　不同品种产量比较与评价

引进大果沙棘品种主要是考虑其经济特性，因此区域化试验的目标除了适应性评价外，重点还要看其产量和经济效益。但从前面的分析我们已经看出，不同试验点、不同品种、不同年度的产量均有明显的差异，需要综合进行评价。根据沙棘的结实特性观测，进行产量评价最好有连续 3～5 年的数据，但由于本试验只有 2 年的产量数据，其评价准确性尚不够，有待今后进一步补充产量数据。表 2-22 为三个试验点 2 年平均产量比较结果。从表中可以看出，新疆阿勒泰试验点 300 kg/亩以上的品种有深秋红、浑金、巨人、阿尔泰新闻、向阳、楚伊 6 个品种，分别为 550.00 kg/亩、408.10 kg/亩、396.00 kg/亩、351.45 kg/亩、343.20 kg/亩、338.80 kg/亩；黑龙江绥棱试验点 300 kg/亩以上的品种有深秋红、浑金、橙色、楚伊、阿尔泰新闻 5 个品种，分别为 497.20 kg/亩、395.45 kg/亩、364.65 kg/亩、342.10 kg/亩、319.00 kg/亩；内蒙古磴口试验点 300 kg/亩以上的品种仅有深秋红 1 个，为 321.20 kg/亩。很明显，供试的大果沙棘品种其产量在三个试验点是不同的，其原因主要是气候、土壤不同，品种适应性不同。

表 2-22　三个试验点第 4 年和第 5 年产量测定结果　　　　　单位：kg/亩

品种	新疆阿勒泰			黑龙江绥棱			内蒙古磴口		
	第 4 年	第 5 年	平均	第 4 年	第 5 年	平均	第 4 年	第 5 年	平均
楚伊	277.20	400.40	338.80	275.00	409.20	342.10	101.20	290.40	195.80
金色	233.20	343.20	288.20	220.00	337.70	278.85	141.90	311.30	226.60
浑金	339.90	476.30	408.10	308.00	482.90	395.45	115.50	251.90	183.70

品种	新疆阿勒泰			黑龙江绥棱			内蒙古磴口		
	第4年	第5年	平均	第4年	第5年	平均	第4年	第5年	平均
巨人	354.20	437.80	396.00	187.00	399.30	293.15	116.60	255.20	185.90
卡图尼礼品	107.80	189.20	148.50	231.00	284.90	257.95	124.30	239.80	182.05
向阳	317.90	368.50	343.20	—	—	—	178.20	331.10	254.65
橙色	221.10	261.80	241.45	344.30	385.00	364.65	115.50	228.80	172.15
阿尔泰新闻	332.20	370.70	351.45	275.00	363.00	319.00	60.50	242.00	151.25
深秋红	487.30	612.70	550.00	424.60	569.80	497.20	204.60	437.80	321.20

2.1.9.5　适应性综合区划

根据以上对大果沙棘的种子保存率、株高、地径、冠径、棘刺数、产量等指标的变异规律的分析可以明显看出，同一试验点不同品种之间的差异比较大，不同试验点之间的差异也非常明显，表明不同品种适应性存在明显差异。但各种指标总的变化趋势是一致的，即高纬度试验点气候条件与原产地更为接近，指标值也最高，纬度下降，指标值也随之降低，即引进的大果沙棘品种适应性由高纬度向低纬度逐渐降低。根据各项指标的综合评价和气候适应性区划，我们将大果沙棘在中国的适应性区划分为三个。

（1）最适引种栽培区

东北三省北纬40°以北地区和内蒙古东北部地区。引进的大果无刺高产品种可直接应用于生产。适生品种有深秋红、浑金、楚伊3个品种。栽培模式为1.5 m×4 m，低密度与大豆间作。

（2）适宜引种栽培区

北纬40°以北中西部地区和新疆北疆地区。引进的部分大果无刺高产品种可直接应用于生产。由于这两个地区年降雨量大都低于400 mm，需要具备灌溉条件。适生品种有深秋红、浑金、巨人、阿尔泰新闻、楚伊5个品种。栽培密度为2 m×4 m。

（3）栽培驯化区

北纬36°~40°地区。本区直接引种栽培有一定困难，引进品种生长比较差，落花落果，没有生产价值，需要将引进材料进行消化吸收，办法是通过杂交手段，将其优良遗传资源融入我国乡土沙棘中，以改良品种，选育抗旱性强的生态经济型杂种。

2.1.10　国外沙棘品种引进与选育小结

通过国外优良引种品种和对照的区域化栽培试验，引进的 10 个品种楚伊、金色、巨人、卡图尼礼品、阿列伊、向阳、橙色、浑金、阿尔泰新闻、深秋红（CK），在新疆阿勒泰的试验结论如下：

①成活率和保存率：新疆阿勒泰试验点造林当年成活率在 84% 以上的有楚伊、浑金、巨人、卡图尼礼品、阿列伊、向阳、阿尔泰新闻 7 个品种，保存率在 84% 以上的有浑金、卡图尼礼品和深秋红。

②生长特性：第 4 年株高在 170 cm 以上的有深秋红、阿列伊、阿尔泰新闻、楚伊，第 4 年地径在 4 cm 以上的有巨人、深秋红、阿尔泰新闻、向阳，第 4 年冠径在 150 cm 以上的有深秋红、阿列伊、阿尔泰新闻、楚伊。

③棘刺优良度（棘刺量）：10 cm 枝条平均棘刺数，巨人 1 个品种无刺，楚伊、金色、阿列伊、向阳、橙色、阿尔泰新闻、深秋红 7 个品种近无刺；2 年生枝条平均棘刺数，巨人无刺，楚伊、金色、卡图尼礼品、向阳、阿尔泰新闻均小于 1 个。

④沙棘果实特性：百果重 60 g 以上的品种有楚伊、巨人、阿尔泰新闻、深秋红 4 个品种，50～60 g 的有金色、向阳、橙色 3 个品种；果实纵径指标，楚伊、巨人、向阳、阿尔泰新闻、深秋红果实比较长。

⑤产量高低、丰产性：第 4 年果实产量在 300 kg/亩以上的品种有深秋红、巨人、浑金、阿尔泰新闻、向阳，在 300 kg/亩以下的依次为楚伊、金色、橙色、卡图尼礼品；种子产量在 8 kg/亩以上的品种有深秋红、浑金、巨人、阿尔泰新闻、金色，在 8 kg/亩以下的依次为楚伊、橙色、向阳、卡图尼礼品。

⑥各品种在新疆适生性的排序：深秋红、阿列伊、卡图尼礼品、楚伊、巨人、浑金、阿尔泰新闻、金色、橙色、向阳。

综合以上结果，从国外引进的 10 个沙棘品种在新疆适宜栽培的品种依次为：深秋红、浑金、巨人、楚伊、阿尔泰新闻、阿列伊、向阳、金色、橙色、卡图尼礼品；新疆地区沙棘产业应以深秋红为主栽品种、阿列伊为授粉树，适当发展浑金、巨人、楚伊 3 个优良品种。

2.2　国内沙棘品种的引种与选育

沙棘属植物果实，种子和叶片生物活性成分十分丰富，多达 200 余种，同时其水土保持和防风固沙效果非常显著。我国是沙棘资源最丰富的国家，现有沙棘林 140 万 hm²，占世界沙棘总面积的 90%以上。但是，由于我国的沙棘属植物多数种和亚种，棘刺多、果小、产果量低，企业和群众的种植积极性不高。为了解决这一问题，从 1985 年开始，中国林科院林业所牵头，组织成立了全国沙棘良种选育协作网，到 20 世纪 90 年代中期，先后选育出一批沙棘优良品种。这些品种主要包括三类：第一类是在俄罗斯和蒙古大果沙棘品种基础上通过实生选育出来的品种，如乌兰沙林、辽阜 1 号、辽阜 2 号、白丘、棕丘、草新 2 号、HS4、HS6、绥棘 1 号等；第二类是在中国沙棘种源基础上选育出来的品种，如森淼、橘丰、红霞、丰宁沙棘（优良种源）等；第三类是以俄罗斯和蒙古大果沙棘品种为母本，以中国沙棘优良种源为父本，通过杂交育种选育出来的品种，如丘杂 F1、亚中杂等。

为了科学有效地指导各地的沙棘栽培，避免盲目栽培造成不应有的损失，2000 年，国家林业局科学技术司立项，由中国林科院林业所牵头，组织相关沙棘研究单位和生产单位成立协作组，对近 10 年来我国选育出的沙棘优良品种进行系统的区域化试验，目的是搞清楚这些优良品种的生态适应性特点，为不同沙棘栽培区推荐和选择适宜的优良品种，使我国的沙棘栽培建立在更加科学的基础之上。

2.2.1　材料与方法

系统的区域化试验工作从 2001 年开始，在我国北方近 10 个省（区）开展，试验林连续定位观测了 4 年（注：由于自然条件限制、区试点多、管理因素，个别区试点有数据调查不全和丢失的现象，导致不同区试点的数据量不一致，因此，我们仅对管理正常、数据较全的区试点进行了分析）。

2.2.1.1　试验材料

区域化试验品种选择了通过正式鉴定的品种，共有 7 个，主要供试品种的基本特性如下。

①乌兰沙林：是在蒙古沙棘品种"乌兰格木"的基础上，通过实生选种选育出来的复合无性系品种。属大果粒、无刺、高产的沙棘品种。植株为灌丛型，萌蘖力很强，在条件适宜的情况下，亩产量可达 1 500 kg 左右。本品种的选育地点在内蒙古磴口县中国林科院沙漠林业实验中心（位于内蒙古巴盟乌兰布和沙漠边缘），由中国林科院林业所和沙漠林业实验中心于 1995 年共同选育而成。

②辽阜 1 号：是在俄罗斯西伯利亚地区的沙棘品种"丘依斯克"的基础上，通过实生选种法选育而成。本品种为双无性系品种，属大果、无刺、高产类型。在适宜立地条件下，亩产果量可达 1 000 kg 以上，灌丛型。品种选育地点为辽宁省阜新市阜新县福兴地镇。由中国林科院林业所在辽宁省水利厅和阜新市水利局的支持下，在 20 世纪 90 年代中期选育而成。

③辽阜 2 号：与辽阜 1 号相同，是在"丘依斯克"基础上，通过实生选种法选出的双无性系品种。与辽阜 1 号的不同点是树体分枝角度较小，枝条上倾性强，果实成熟期晚于辽阜 1 号半个月。选育者、支持者、选育时间与选育地点与辽阜 1 号相同。

④HS4：是以蒙古的"乌兰格木"为育种材料，通过实生选种法选育出的单一无性系品种。属大果、无刺、丰产型品种。由黑龙江省农业科学院浆果研究所选育。本品种对北方高寒气候区有较强的适应性。

⑤HS6：选育背景、树体情况与 HS4 相同，是在"乌兰格木"基础上，通过实生选种选育出的单一无性系品种。

⑥丘杂 F1：是在俄罗斯大果品种"丘依斯克"（母本）与中国沙棘（父本）杂交的基础上，以集团选择法选出的大果、少刺、高产单株的实生后代。本品种属多无性系品种，生态适应性较强，果粒大小介于中国沙棘与大果沙棘优良品种之间，枝刺数较中国沙棘减少一半，为适应范围较广的生态经济型品种。本品种由中国林科院林业所和沙漠林业实验中心共同选育而成，选育地点在中国林科院沙漠林业实验中心。

⑦亚中杂：是由中亚沙棘（母本）与中国沙棘（父本）、中亚沙棘（父本）混合授粉形成的杂交种，属单一无性系品种。本品种在生长上具有双亲的特征，其含油量显著高于中国沙棘。本品种由中国林科院林业所和沙漠林业实验中心共同选育而成，选育地点在中国林科院沙漠林业实验中心。

2.2.1.2　区域化试验点设置

为了获得充分的试验结果，区域化试验点的设计重点集中在我国西北、华北、东北地区。具体布局如下：

①新疆青河：由新疆林科院牵头，青河县林业局负责实施，试验地安排在青河县国家大果沙棘良种繁育基地。位于北纬46°28′、东经90°12′左右。试验面积15亩，4个重复处理。

②甘肃临夏：由甘肃临夏回族自治州种苗站负责。试验地在林家河滩苗圃。位于北纬35°30′、东经103°30′左右。试验面积15亩，5个重复处理。

③陕西永寿：由陕西省水土保持局负责，试验地在永寿县马坊乡。位于北纬34°40′、东经108°20′左右。试验面积15亩，4个重复处理。

④山西离石：由山西省水土保持科学研究所负责，试验地在离石区附近地区。位于北纬37°35′、东经111°10′左右，为黄土丘陵沟壑区。试验面积15亩，5个重复处理。

⑤内蒙古磴口：由中国林科院林业所与沙漠林业实验中心共同承担，试验地设在第三试验场。位于北纬40°10′、东经107°05′左右，为乌兰布和沙漠边缘的干旱灌区。试验面积30亩，8个重复处理。示范林面积1 000亩。

⑥内蒙古赤峰：由内蒙古赤峰市种苗站负责，试验地设于克什克腾旗热水林场苗圃。位于北纬43°30′、东经117°30′左右，为半干旱草原区。试验面积15亩，4个重复处理。

⑦辽宁阜新：由辽宁省阜新市林业科学研究所负责，试验地设于阜新市内该所的苗圃。位于北纬41°45′、东经121°50′左右。试验面积15亩，4个重复处理。

⑧吉林镇赉：由吉林省镇赉县林业局负责。位于北纬45°30′、东经123°20′左右。试验面积15亩，4个重复处理。

⑨黑龙江绥棱：由黑龙江省农业科学院绥棱浆果所承担，试验地设于绥棱县。位于北纬47°00′、东经127°05′左右。试验面积15亩，4个重复处理。

⑩西藏林芝：具体由西藏农牧学院生态所负责。试验地位于西藏农牧学院生态所的实验苗圃。此外，在拉萨还设置了一个辅助试验点。

2.2.1.3　试验设计

区域化试验采用完全随机区组设计方式。单行小区，小区株数为10或16株，4～5次重复。株行距为3 m×2 m，雄株为阿列伊，雌雄株配比为4∶1，试验林周围一般以蒙古沙棘作2行保护行。在试验地品种苗木数量不够时，允许各试验点根据实际情况作出适当的调整，但为了确保试验的充分和科学，原则上各区域化点试验林的建设必须保证至少有3个重复。

试验林苗木的定植穴规格为 40 cm×40 cm×40 cm，不准挖锅底坑。整地方式可根据各试验点实际情况确定，灵活掌握。但在定植时，需注意墒情合适，不窝根，适当踏实，表土、湿土要回填于定植穴，特别是湿土，原则上应回填于穴底。造林后应立即灌水，以确保试验林的成活率。

2.2.1.4　试验林管理

定植时间：区域化试验林种苗虽然在同一时间提供，但由于各试验点之间地理跨度大，具体定植时间要依各地气候条件和农时变化而定，选择最适宜的时间。如果延时定植，苗木必须认真假植或贮藏，要保持适度低温和湿度，最大限度地保存苗木的活力和保证质量。

定植当年的管护与生长调查：定植成活与否，除受遗传因素影响，还受很多偶然的和人为的因素影响，特别是供试品种苗木出自多个培育地点，因此在定植的当年要精心管护，原则上要按集约经营方式进行管理，以确保成活。各试验点应密切注意墒情变化，适时灌水，适时中耕、除草，在土地特别瘠薄的情况下，还要适当施肥。但需注意的是，所采取的措施对各试验处理来说必须是同等的、均一的，以便客观地比较不同的试验品种。生长季结束后，进行成活率与生长量的调查，以作分析。生长指标主要调查株高、新梢长度和新梢数量等。

定植后第二、第三、第四年，仍然需要按集约经营方式管理，以观测不同品种的适应性和经济性能的表现。因为试验选用的品种特别是大果品种，在生产上也是按集约经营方式栽培的，这样做可以判别在适当栽培方式下的经济价值。生长季结束时，要进行全面调查，包括株高、冠幅，当年新梢生长量、新梢数量、果实大小、单株产量、种子特性、棘刺数量、叶片长宽等指标，为评价集约栽培下品种的生态价值和经济价值积累数据。

盛果期以后，改变经营方式，从集约经营改为粗放经营，通常条件下任其自然生长，不做任何处理，以观测其在自然条件下的生长情况，探讨不同品种对环境的适应能力及其反应。生长季结束后，同样进行生长指标的调查。

2.2.1.5　指标测定

不同试验点区域化试验林主要测定指标有株高（cm）、地径（cm）、冠幅（cm）、主梢长（cm）、主梢中径（cm）、新梢数（个）、新梢长（cm）等指标。叶片测定长度（cm）、宽度（cm），每个品种随机抽取 30 个叶片，计算长度、宽度和长宽比平均值。叶片数统计 10 cm 枝条的平均数量，抽样枝数为 10 个。棘刺数调查两个指标，一个是调查 2 年生枝条的棘刺数平均值，另一个是调查 10 cm 枝条的平均棘刺数量，抽样枝条数均为 10 个。进入大量结实期后，每年详细调查不同品种的单株产量（kg），并计算单株产量平均值。果实为每个品种随机抽取 3 个百果质量（g），计算平均值。果实形态指标主要测定纵径（mm）、横径（mm）和果柄长（mm），具体为每个品种随机抽取 100 粒，全部测定每一粒纵径、横径和果柄长，然后计算 100 粒的平均值。种子千粒重（g）取 3 个样本的平均值。种子形态指标的测定类似果实，随机抽取 100 粒种子，全部测定每一粒的长度（mm）、宽度（mm）和厚度（mm），然后计算 100 粒种子的平均值。

果实含量采用 HPLC 法进行测定。果实 VC 测定，色谱条件柱：μ-Bondapak C_{18}（0.4 cm×30 cm）；流动相：0.1% $H_2C_2O_4$；流量：1.0 ml/min；检测器：UV254nm×0.1 AUFS。VE 测定，色谱条件柱：μ-Bondapak C_{18}（0.4 cm ×30 cm）；流动相：98% CH_3OH-2% H_2O；流量：1.5 ml/min；检测器：UV280nm×0.1 AUFS。黄酮测定，流动相：甲醇：水：磷酸=55：45：0.3（体积比）；检测波长：368 nm；流量：0.8 ml/min；进样量：20 μm。脂肪酸测定，分析条件为 N_2: 40 ml/min；INJ: 260℃；COL: 200℃；玻璃填充柱：10%DEGS。果实 VC、VE 和黄酮含量测定色谱图如图 2-26～图 2-28 所示。

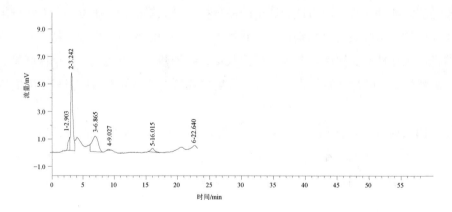

图 2-26　亚中杂 VE 含量测定色谱图

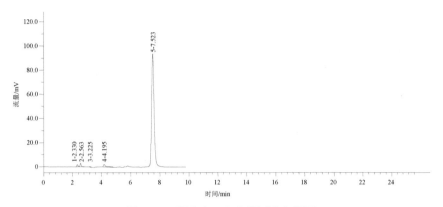

图 2-27　亚中杂 VC 含量测定色谱图

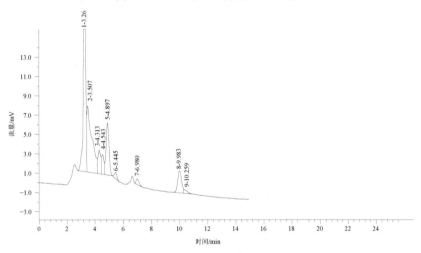

图 2-28　亚中杂黄酮含量测定色谱图

2.2.2　新品种区域化试验第 1 年结果

本章对区域化试验林第 1 年的测定结果进行了系统分析和总结。重点分析了新疆青河、黑龙江绥棱、内蒙古磴口、内蒙古赤峰、甘肃临夏、山西离石、辽宁阜新、吉林镇赉 8 个区域化试验点（由于管理失误，陕西永寿、西藏林芝两个试验点没有数据）不同品种的成活率、株高、冠幅、新梢生长量和新梢数量等指标的差异性及其变化规律，并应用模糊数学的隶属度原理对品种的适应性进行了综合评价。由于采用的是定植当年的数据，结论只是初步的，生产上可作为参考。

2.2.2.1 不同试验点不同品种成活率比较

从表 2-23 和图 2-29 可以看出，新疆青河试验点供试品种成活率在 43.3%～73.3%，其中 50%以上的品种有丘杂 F1（73.3%）、亚中杂（63.3%）、辽阜 1 号（62.7%）、辽阜 2 号（53.3%）4 个；50%以下的品种有乌兰沙林（43.3%）、HS6（43.3%）、HS4（21.7%）3 个。

表 2-23　不同试验点不同品种成活率比较　　　　　　　　　　单位：%

品种	新疆青河	黑龙江绥棱	内蒙古磴口	内蒙古赤峰	甘肃临夏	山西离石	辽宁阜新	吉林镇赉
乌兰沙林	43.3	73.3	77.5	85.0	94.7	64.0	49.0	36.0
辽阜 1 号	62.7	85.0	62.5	80.0	96.0	60.0	83.0	41.3
辽阜 2 号	53.3	75.0	—	78.0	85.3	32.0	61.0	38.7
HS4	21.7	51.7	30.0	75.0	78.7	61.8	49.0	14.7
HS6	43.3	58.3	52.5	67.0	72.0	51.4	55.0	16.0
丘杂 F1	73.3	68.3	75.0	63.0	89.3	80.0	63.0	44.0
亚中杂	63.3	58.3	70.0	57.0	82.7	73.3	84.0	60.0

注：由于管理失误，辽阜 2 号在内蒙古磴口试验点没有数据，下同。

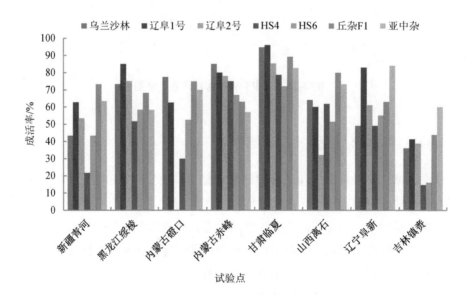

图 2-29　不同试验点不同品种成活率比较

黑龙江绥棱试验点成活率达 84%以上的只有辽阜 1 号 1 个品种，在 50%～84%的有辽阜 2 号（75.0%）、乌兰沙林（73.3%）、丘杂 F1（68.3%）、亚中杂（58.3%）、HS6（58.3%）、HS4（51.7%）6 个品种。

　　内蒙古磴口试验点与山西离石试验点类似，供试品种成活率均在 84%以下。其中在 50%～84%的有乌兰沙林（77.5%）、丘杂 F1（75.0%）、亚中杂（70.0%）、辽阜 1 号（62.5%）、HS6（52.5%）5 个品种，50%以下的有 HS4（30.0%）1 个品种。

　　内蒙古赤峰试验点供试品种成活率达 84%以上的只有乌兰沙林（85.0%）一个品种，其余 6 个品种均在 50%～84%，成活率由大到小的排序为辽阜 1 号（80.0%）、辽阜 2 号（78.0%）、HS4（75.0%）、HS6（67.0%）、丘杂 F1（63.0%）、亚中杂（57.0%）。

　　甘肃临夏试验点供试品种成活率均比较高，84%以上的有辽阜 1 号（96.0%）、乌兰沙林（94.7%）、丘杂 F1（89.3%）、辽阜 2 号（85.3%）4 个品种，其余 3 个品种在 70%～84%，亚中杂为 82.7%，HS4 为 78.7%，HS6 为 72.0%。

　　山西离石试验点供试品种成活率均在 84%以下。50%～84%的品种有丘杂 F1（80.0%）、亚中杂（73.3%）、乌兰沙林（64.0%）、HS4（61.8%）、辽阜 1 号（60.0%）、HS6（51.4%）6 个，50%以下的品种有 1 个，为辽阜 2 号（32.0%）。

　　辽宁阜新试验点供试品种成活率除亚中杂均在 84%以下，50%～84%的有亚中杂（84.0%）、辽阜 1 号（83.0%）、丘杂 F1（63.0%）、辽阜 2 号（61.0%）、HS6（55.0%）5 个品种。50%以下的有乌兰沙林（49.0%）、HS4（49.0%）2 个品种。

　　吉林镇赉试验点供试品种成活率在 50%以上的只有亚中杂（60.0%），其余品种均在 50%以下，按大小排序为丘杂 F1（44.0%）、辽阜 1 号（41.3%）、辽阜 2 号（38.7%）、乌兰沙林（36.0%）、HS6（16.0%）、HS4（14.7%）。很明显，镇赉试验点的成活率比较低。

　　从以上对比分析可以明显看出两点：一是吉林镇赉试验点大部分品种的成活率均低于其他试验点，其原因可能与该试验点干旱、管理粗放（没有灌溉）密切相关；二是不同品种之间、不同试验点之间成活率的变化比较复杂，方差分析表明（见表 2-28），品种之间、试验点之间的成活率差异均达到了极显著水平（$p = 0.000$），这充分说明新品种区域化试验是非常必要的，新品种的推广如果没有通过区域化试验，就有可能造成损失。

2.2.2.2　新梢生长量比较

　　表 2-24 和图 2-30 表明，新疆青河试验点供试品种造林当年新梢生长量在 24.0～

60.0 cm，黑龙江绥棱试验点在 18.5～51.7 cm，内蒙古磴口试验点在 10.0～50.0 cm，内蒙古赤峰试验点在 10.6～13.9 cm，甘肃临夏试验点在 8.2～14.1 cm，山西离石试验点在 7.5～27.8 cm，辽宁阜新试验点在 52.0～68.6 cm，吉林镇赉试验点在 7.6～13.5 cm。很明显，甘肃临夏、吉林镇赉、内蒙古赤峰三个试验点造林当年新梢生长量比较低，其次是山西离石，一些品种略高于以上三个试验点。辽宁阜新、新疆青河、黑龙江绥棱、内蒙古磴口四个试验点新梢生长量比较大，但品种之间有明显差异。从试验点比较，辽宁阜新试验点新梢生长量最大。方差分析表明（见表 2-28），品种和试验点之间均达到了极显著差异水平，p 值分别为 0.018 9 和 0.000。

表 2-24　不同试验点不同品种新梢生长量比较　　　　　单位：cm

品种	新疆青河	黑龙江绥棱	内蒙古磴口	内蒙古赤峰	甘肃临夏	山西离石	辽宁阜新	吉林镇赉
乌兰沙林	28.0	19.5	36.1	10.6	10.3	11.0	54.4	10.0
辽阜 1 号	51.8	18.5	10.0	13.5	12.0	12.9	58.1	11.0
辽阜 2 号	60.0	20.0	—	12.7	8.2	18.6	57.6	13.5
HS4	24.0	26.0	30.0	13.0	10.0	7.5	52.0	8.3
HS6	49.0	37.8	50.0	12.5	12.1	9.3	54.2	7.6
丘杂 F1	41.0	51.7	38.3	13.9	14.1	25.9	63.3	10.2
亚中杂	37.6	40.8	34.4	11.7	11.1	27.8	68.6	11.5

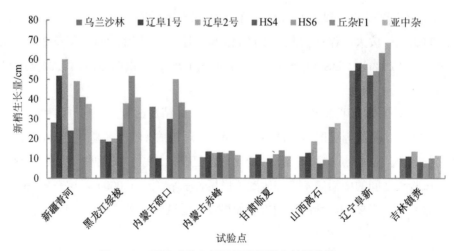

图 2-30　不同试验点不同品种新梢生长量比较

2.2.2.3 新梢数量比较

表 2-25 和图 2-31 表明，新疆青河试验点供试品种造林当年新梢数量在 3～5 个，黑龙江绥棱试验点在 2.6～9.5 个，内蒙古磴口试验点在 3～10 个，内蒙古赤峰试验点在 3.6～4.8 个，甘肃临夏试验点在 2～4.1 个，山西离石试验点在 1.1～3 个，辽宁阜新试验点在 5～9.8 个，吉林镇赉试验点在 2.5～4.8 个。很明显，品种之间和试验点之间的新梢数量均有一定差异，方差分析表明（见表 2-28），品种之间差异没有达到显著水平（p=0.205 9），但试验点之间差异达到极显著水平（p=0.000）。

表 2-25　不同试验点不同品种新梢数量比较　　　　单位：个

品种	新疆青河	黑龙江绥棱	内蒙古磴口	内蒙古赤峰	甘肃临夏	山西离石	辽宁阜新	吉林镇赉
乌兰沙林	4.0	5.2	9.0	4.3	3.0	1.8	7.8	2.5
辽阜 1 号	3.8	9.5	3.0	4.8	3.2	2.2	9.0	3.5
辽阜 2 号	5.0	8.9	—	4.6	2.9	2.1	7.1	4.8
HS4	3.0	2.6	6.0	3.8	2.0	1.3	5.0	2.5
HS6	3.9	4.4	10.0	3.8	3.6	1.1	6.5	2.5
丘杂 F1	4.2	7.1	6.0	3.7	4.1	2.3	6.5	3.0
亚中杂	5.0	6.9	7.0	3.6	3.8	3.0	9.8	3.5

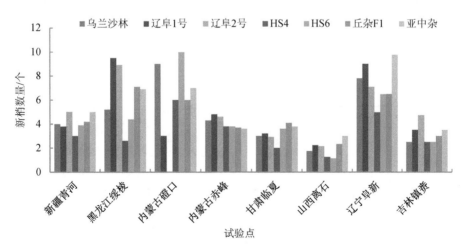

图 2-31　不同试验点不同品种新梢数量比较

2.2.2.4 冠幅比较

表 2-26 和图 2-32 表明，新疆青河试验点供试品种造林当年冠幅在 13～52 cm，黑龙江绥棱试验点在 27.7～48.4 cm，内蒙古磴口试验点在 16.4～31.5 cm，内蒙古赤峰试验点在 16.1～20.7 cm，甘肃临夏试验点在 5.8～27.2 cm，山西离石试验点在 8～31.9 cm，辽宁阜新试验点在 33.6～68.4 cm，吉林镇赉试验点在 8.1～18.8 cm，很明显，品种之间和试验点之间的冠幅均有一定差异，方差分析表明（见表 2-28），品种之间差异未达到显著水平（$p=0.0598$），试验点之间达到极显著差异水平（$p=0.000$）。

表 2-26　不同试验点不同品种冠幅比较　　　　　单位：cm

品种	新疆青河	黑龙江绥棱	内蒙古磴口	内蒙古赤峰	甘肃临夏	山西离石	辽宁阜新	吉林镇赉
乌兰沙林	29.3	—	23.3	17.3	11.1	18.5	39.4	8.1
辽阜 1 号	43.8	32.9	31.5	19.1	14.6	13.5	47.4	10.5
辽阜 2 号	52.0	27.7	—	20.7	12.7	15.0	41.1	18.8
HS4	13.0	—	16.4	19.8	5.8	8.0	33.6	9.0
HS6	29.0	—	23.2	17.3	12.9	8.9	42.4	8.6
丘杂 F1	17.5	48.4	17.8	18.0	27.2	18.6	62.1	11.5
亚中杂	20.0	40.7	18.1	16.1	20.8	31.9	68.4	12.6

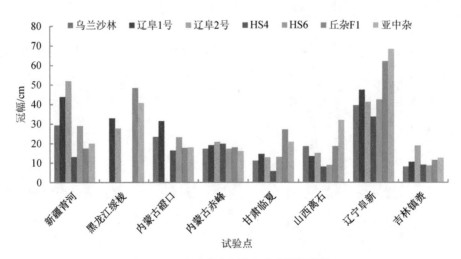

图 2-32　不同试验点不同品种冠幅比较

2.2.2.5 株高比较

表 2-27 和图 2-33 表明，新疆青河试验点供试品种造林当年株高在 31.3～68.2 cm，黑龙江绥棱试验点在 33.7～68.4 cm，内蒙古磴口试验点在 30～50 cm，内蒙古赤峰试验点在 36.4～42.3 cm，甘肃临夏试验点在 28.1～57.9 cm，山西离石试验点在 22.1～46.6 cm，辽宁阜新试验点在 51.8～80 cm，吉林镇赉试验点在 22.4～28.2 cm。很明显，与冠幅一样，品种之间和试验点之间的株高均有一定差异，方差分析表明（见表 2-28），品种的差异达显著性水平（p =0.023 9），试验点的差异均达到了极显著水平（p =0.000）。

表 2-27　不同试验点不同品种株高比较　　　　　　　单位：cm

品种	新疆青河	黑龙江绥棱	内蒙古磴口	内蒙古赤峰	甘肃临夏	山西离石	辽宁阜新	吉林镇赉
乌兰沙林	49.0	33.7	36.1	42.3	33.9	28.0	53.4	22.4
辽阜 1 号	57.6	56.2	30.0	41.1	57.9	44.1	70.4	28.2
辽阜 2 号	68.2	55.7	—	40.2	28.1	28.3	59.8	27.2
HS4	31.3	48.0	30.0	39.3	34.1	29.3	51.8	23.5
HS6	62.0	59.4	50.0	37.6	36.0	22.1	55.0	24.1
丘杂 F1	58.4	68.4	38.3	38.0	46.7	46.6	74.1	23.1
亚中杂	50.0	55.2	34.4	36.4	35.1	39.2	80.0	24.1

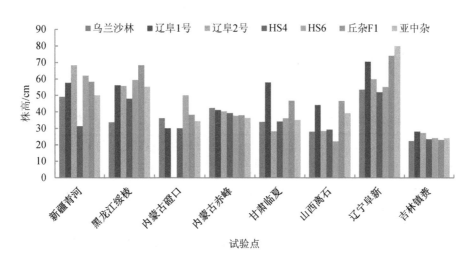

图 2-33　不同试验点不同品种株高比较

表 2-28　不同试验点不同品种生长指标方差分析结果

指标	变异来源	SS	df	MS	F	p
新梢长	品种间	1 694.813	4	154.073 9	2.263	0.018 9
	地点间	25 487.4	7	3 641.058	53.487	0.000
	误差	5 241.63	28	68.073 1		
	总变异	32 423.85	39			
新梢数	品种间	36.684 5	4	3.335	1.367	0.205 9
	地点间	289.597 8	7	41.371 1	16.954	0.000
	误差	187.894 7	28	2.440 2		
	总变异	514.177	39			
冠幅	品种间	1 513.028	4	137.548	1.869	0.059 8
	地点间	11 323.47	7	1 887.246	25.647	0.000
	误差	4 856.563	28	73.584 3		
	总变异	17 693.06	39			
株高	品种间	1 959.209	4	178.109 9	2.181	0.023 9
	地点间	15 821.86	7	2 260.265	27.676	0.000
	误差	6 288.573	28	81.669 8		
	总变异	24 069.64	39			
成活率	品种间	8 282.848	4	752.986 2	6.582	0.000
	地点间	18 403.87	7	2 629.125	22.982	0.000
	误差	8 808.801	28	114.4		
	总变异	35 495.52	39			

2.2.2.6　适应性综合评价

本区域化试验参试的品种包括两类，一类是在俄罗斯和蒙古大果沙棘品种基础上通过实生选育出来的品种，如乌兰沙林、辽阜 1 号、辽阜 2 号、HS4、HS6；一类是通过杂交育种选育出来的品种，如丘杂 F1、亚中杂。由于各个品种的培育目标不完全相同，因此，在评价其适应性时评价目标也不同。如大果沙棘品种乌兰沙林、辽阜 1 号、辽阜 2 号、HS4 和 HS6，目标主要是果实和种子的产量，因此属经济型品种；而丘杂 F1、亚中杂 2 个品种的定位是生态经济型品种。但是，综合考虑，无论是经济型品种还是生态经济型品种，用株高、冠幅、果实产量、棘刺数等指标均能很好地反映其品种的基本特性。基于此，在本区域化试验品种未进入结实期之前可用生长指标来直接对供试品种的适应性进行评价，进入结实期后可对生长和产量两个指标体系进行评价。具体定量综合评价方法如下：

（1）隶属函数构造

第1年区域化试验选择的主要评价指标有株高和冠幅2个，由于成活率指标容易受到苗木质量的影响，评价时没有选入。在进行综合评价时，我们根据第1年不同品种生长状况构造了如下隶属函数：

$$株高：\mu_1(x_1) = \begin{cases} 株高\ /100 & x_1 < 100\ cm \\ 1 & x_1 \geqslant 100\ cm \end{cases}$$

$$冠幅：\mu_2(x_2) = \begin{cases} 冠幅\ /100 & x_2 < 100\ cm \\ 1 & x_2 \geqslant 100\ cm \end{cases}$$

$$综合指数：E = (\mu_1 + \mu_2)/2$$

（2）隶属度与综合指数

根据以上隶属函数，计算不同试验点不同品种株高、冠幅的综合指数 E，结果见表2-29。表2-29表明，从适应性综合指数 E 值比较，辽宁阜新试验点7个大果品种 E 值均比较高，为0.427～0.742，表明7个大果品种在辽宁阜新均表现出很强的适应性。新疆青河和黑龙江绥棱的 E 值分别为0.222～0.601、0.169～0.584，显示大果品种在这两个试验点也有一定适应性。其余试验点的 E 值在0.152～0.370，反映出大果品种在这些试验点的适应性一般。

表2-29　不同试验点不同品种第1年综合指数 E 计算结果

品种	新疆青河	黑龙江绥棱	内蒙古磴口	内蒙古赤峰	甘肃临夏	山西离石	辽宁阜新	吉林镇赉
乌兰沙林	0.392	0.169	0.297	0.298	0.225	0.233	0.464	0.152
辽阜1号	0.507	0.446	0.307	0.301	0.363	0.288	0.589	0.193
辽阜2号	0.601	0.417	—	0.305	0.204	0.216	0.504	0.230
HS4	0.222	0.240	0.232	0.296	0.200	0.186	0.427	0.163
HS6	0.455	0.297	0.366	0.275	0.245	0.155	0.487	0.164
丘杂F1	0.380	0.584	0.280	0.280	0.370	0.326	0.681	0.173
亚中杂	0.350	0.480	0.262	0.263	0.280	0.356	0.742	0.184

需要指出的是，以上 E 值仅是第一年的计算结果，不同品种的适应性还未充分体现出来，准确的结果还需要进一步连续观测和评价。

2.2.3　新品种区域化试验第 4 年结果

　　本节对区域化试验林第 4 年测定的结果进行了系统分析和比较。重点分析了新疆青河、辽宁阜新、黑龙江绥棱、内蒙古赤峰 4 个区域化试验点（由于资金缺乏、人员变动、管理不到位等原因，导致其余 6 个试验点没有连续观察数据）不同品种的保存率、株高、冠幅、新梢生长量和新梢数量等指标的差异性，并对品种的适应性差异进行了综合评价。由于本次供试的 7 个品种与前期从国外引进的 10 个品种相比较，结果表现很差，第 4 年单株产量均未超过 0.6 kg/株，第 4 年亩产量未超过 66 kg/亩，因此在丰产性方面未做详细调查与评价。

2.2.3.1　保存率

　　表 2-30 和图 2-34 表明，新疆青河试验地保存率在 50% 以上的有辽阜 1 号（76.9%）、HS6（59.0%）、HS4（55.9%）、丘杂 F1（51.7%）4 个品种，其余 3 个品种均在 50%以下。辽宁阜新试验点保存率相对比较高，大部分品种保存率均在 50% 以上，只有 HS6（48%）、辽阜 2 号（42%）在 50% 以下。黑龙江绥棱试验点保存率在 50% 以上的品种有 HS6（70%）、辽阜 1 号（66.7%）、HS4（51.7%）3 个，其余品种均在 50% 以下。内蒙古赤峰试验点保存率在 50% 以上的品种有辽阜 1 号（54%）、辽阜 2 号（53%）、丘杂 F1（53%）3 个，其余品种均在 50% 以下。从以上的比较可以看出，辽宁阜新和新疆青河两个试验点保存率相对比较高，各有 4~5 个品种保存率在 50% 以上，而内蒙古赤峰、黑龙江绥棱两个试验点保存率相对较低，各有 3 个品种保存率在 50% 以上。由此表明，供试品种在辽宁阜新、新疆青河两个试验点的适应性要明显高于其他试点，当然这仅是从保存率这一个指标上所得出的结论。

表 2-30　第 4 年不同试验点不同品种保存率　　　　　　　　单位：%

品种	新疆青河	辽宁阜新	黑龙江绥棱	内蒙古赤峰
乌兰沙林	49.7	51.0	48.3	43.0
辽阜 1 号	76.9	87.0	66.7	54.0
辽阜 2 号	43.5	42.0	45.0	53.0
HS4	55.9	60.0	51.7	35.0

品种	新疆青河	辽宁阜新	黑龙江绥棱	内蒙古赤峰
HS6	59.0	48.0	70.0	29.0
丘杂F1	51.7	60.0	43.3	53.0
亚中杂	41.7	60.0	23.3	45.0

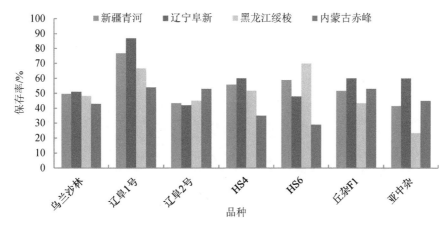

图 2-34　第 4 年不同试验点不同品种保存率比较

2.2.3.2　株高比较

表 2-31 和图 2-35 表明，新疆青河试验点大果品种株高在 144～157 cm，沙棘杂种在 183～205 cm。辽宁阜新试验点大果品种株高在 168～192 cm，沙棘杂种在 234～258 cm。很明显，阜新试验点株高与新疆青河相似，沙棘杂种显著高于大果品种。黑龙江绥棱试验点大果品种株高在 112～132 cm，沙棘杂种在 133～153 cm，同样，沙棘杂种也高于大果品种。内蒙古赤峰试验点供试大果品种株高在 100～117 cm，沙棘杂种在 109～141 cm。可见，沙棘杂种略高于大果品种。从以上比较不难发现，供试品种在辽宁阜新试验点株高最大，其次为新疆青河，黑龙江绥棱、内蒙古赤峰两个试验点株高比较小。

表 2-31　第 4 年不同试验点不同品种株高　　　　　　　　　　　　单位：cm

品种	新疆青河	辽宁阜新	黑龙江绥棱	内蒙古赤峰
乌兰沙林	147.0	180.0	114.0	111.0
辽阜 1 号	144.0	171.0	117.0	117.0
辽阜 2 号	146.5	168.0	125.0	110.0
HS4	152.0	192.0	112.0	100.0

品种	新疆青河	辽宁阜新	黑龙江绥棱	内蒙古赤峰
HS6	157.0	182.0	132.0	103.0
丘杂 F1	205.0	258.0	153.0	109.0
亚中杂	183.0	234.0	133.0	141.0

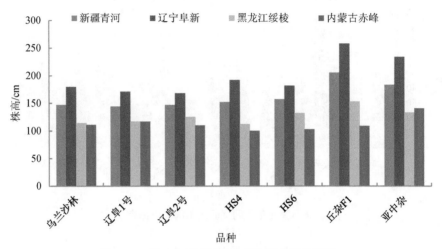

图 2-35　第 4 年不同试验点不同品种株高比较

2.2.3.3　冠幅比较

表 2-32 和图 2-36 表明，新疆青河试验大果品种冠幅在 93.8～102.6 cm，其中乌兰沙林冠幅最小，HS4 最大，杂种冠幅在 155.9～160.8 cm，很明显，沙棘杂种的冠幅显著高于大果品种，这与株高的结果是完全一致的。辽宁阜新试验点大果品种冠幅为 135～157 cm，杂种为 226～230 cm，杂种显著高于大果品种。黑龙江试验点大果品种冠幅为 48.2～60.4 cm，杂种为 81.8～95.5 cm，同样杂种也显著高于大果品种。内蒙古赤峰试验点大果品种冠幅在 38～55 cm，杂种在 55.5～77.3 cm，可见杂种略高于大果品种。综合以上分析可以看出，不同试验点冠幅差异比较明显，无论是大果品种还是杂种，冠幅由大到小的顺序依次为辽宁阜新、新疆青河、黑龙江绥棱、内蒙古赤峰。此外，不同品种之间冠幅差异也是比较明显的，但是总的来说，具有中国沙棘遗传成分的杂种其冠幅均比大果品种大，反映出杂种的适应性总体上强于大果品种。

表2-32　第4年不同试验点不同品种冠幅　　　　　　　　　单位：cm

品种	新疆青河	辽宁阜新	黑龙江绥棱	内蒙古赤峰
乌兰沙林	93.8	135.0	52.7	48.0
辽阜1号	97.3	141.0	53.6	55.0
辽阜2号	96.0	135.0	57.0	53.5
HS4	102.6	157.0	48.2	38.0
HS6	100.7	141.0	60.4	39.8
丘杂F1	160.8	226.0	95.5	55.5
亚中杂	155.9	230.0	81.8	77.3

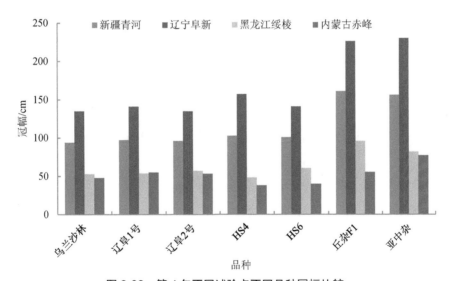

图2-36　第4年不同试验点不同品种冠幅比较

　　表2-33是第4年新疆青河试验点不同品种叶片、棘刺和单株产量比较结果。从表中可以看出，大果品种的叶片长度为6.2～8.1 cm，叶片宽为0.9～1.3 cm，长宽比为5.85～7.36；杂种叶片长度为5.8～6.3 cm，叶片宽为0.8～0.9 cm，长宽比为7.00～7.25。很明显，杂种叶片比大果品种短，宽度也小，叶片短而窄是抗逆性强的一个重要标志。从叶片数比较，除乌兰沙林外（15个），大果品种10 cm枝条叶片数均为13个，而杂种为15个，杂种叶片数多于大果品种，这是杂种生长量显著高于大果品种的一个重要因素。

从棘刺数的比较看，大果品种 10 cm 枝条为 1 个棘刺，2 年生枝条为 1～2 个棘刺，而杂种 10 cm 枝条为 3～4 个棘刺，2 年生枝条也为 3～4 个棘刺。棘刺数多是抗逆性强的一个重要标志，但对沙棘的经济价值来说，由于棘刺数多，不易采摘。

从单株产量来看，乌兰沙林、辽阜 1 号、辽阜 2 号为 3.5～5.4 kg/株，显著高于杂种（丘杂 F1、亚中杂为 2.8～3.2 kg/株），而 HS4、HS6 表现则较差。

表 2-33　第 4 年新疆青河试验点不同品种叶片、棘刺生长和单株产量比较

品种	叶片长/cm	叶片宽/cm	长宽比	叶片数/个	10 cm 枝棘刺数/个	2 年枝棘刺数/个	单株产量/kg
乌兰沙林	6.2	0.9	6.89	15	1	2	5.4
辽阜 1 号	7.3	1.1	6.64	13	1	2	3.5
辽阜 2 号	7.4	1.1	6.73	13	1	2	3.7
HS4	8.1	1.1	7.36	13	1	1	1.4
HS6	7.6	1.3	5.85	13	1	2	1.2
丘杂 F1	6.3	0.9	7.00	15	3	3	2.8
亚中杂	5.8	0.8	7.25	15	4	4	3.2

2.2.3.4　适应性综合评价

（1）隶属函数构造

根据第 4 年不同试验点不同品种总的生长状态，选择株高和冠幅两个指标为评价指标构造了如下隶属函数：

$$\text{株高：} \mu_1(x_1) = \begin{cases} 株高\ /300 & x_1 < 300\ \text{cm} \\ 1 & x_1 \geqslant 300\ \text{cm} \end{cases}$$

$$\text{冠幅：} \mu_2(x_2) = \begin{cases} 冠幅\ /300 & x_2 < 300\ \text{cm} \\ 1 & x_2 \geqslant 300\ \text{cm} \end{cases}$$

综合指数：$E = (\mu_1 + \mu_2)/2$

（2）隶属度与综合指数

根据以上隶属函数，计算不同试验点不同品种第 4 年的综合指数 E，结果见表 2-34。

表2-34　第4年不同试验点不同品种综合指数 *E* 计算结果

品种	新疆青河	辽宁阜新	黑龙江绥棱	内蒙古赤峰
乌兰沙林	0.401	0.525	0.278	0.265
辽阜1号	0.402	0.520	0.284	0.287
辽阜2号	0.404	0.505	0.303	0.273
HS4	0.424	0.582	0.267	0.230
HS6	0.429	0.538	0.321	0.238
丘杂F1	0.610	0.807	0.414	0.274
亚中杂	0.565	0.773	0.358	0.364

从表2-34中可以看出，辽宁阜新试验点5个大果品种的 *E* 值均比较大，为0.505～0.582，这表明5个大果品种在辽宁阜新表现出较强的适应性，这一点与上述株高和冠幅的结果是完全一致的。新疆青河试验点次之，5个大果品种的 *E* 值为0.401～0.429。黑龙江绥棱、内蒙古赤峰两个试验点 *E* 值比较小，分别为0.267～0.321、0.230～0.287，表明适应性相对较差。

与大果品种一样，杂种的 *E* 值在辽宁阜新试验点比较大，为0.773～0.807，新疆青河次之，为0.565～0.610，而黑龙江绥棱、内蒙古赤峰两个试验点 *E* 值相对比较小，分别为0.358～0.414、0.274～0.364，表明自然适应性较差。

2.2.4　不同试验点不同品种果实特性比较

沙棘果实特性是评价沙棘新品种经济价值的重要指标之一。沙棘果实特性主要由百果质量、果柄长、VC、VE、黄酮含量等指标来表达。本章将从百果质量、果实纵径、果实横径、长宽比、果柄长5个指标，对不同区域化试验点不同品种的果实特性进行比较，目的是从果实角度对新品种的经济价值和适应性特点进行评价，为不同生态区域选择品种提供依据。

2.2.4.1　百果重比较

表2-35和图2-37表明，新疆青河试验点，通过实生选育从俄罗斯和蒙古大果沙棘品种中选育出的乌兰沙林、辽阜1号、辽阜2号、HS4、HS6的百果重均表现出大果特性，百果重分别为42.25 g、53.88 g、39.85 g、48.28 g、54.04 g；沙棘杂种（丘杂F1、

亚中杂）百果重较小，分别为 17.00 g、14.86 g。同时，5 个大果品种之间也表现出显著差异性，辽阜 1 号、HS6 的百果重均超过了 50 g，显著高于其余 3 个品种。

表 2-35　新疆青河试验点不同品种果实特性比较

品种	百果重/g	纵径/mm	横径/mm	果柄长/mm	纵横比
乌兰沙林	42.25	9.60	8.46	3.26	1.13
辽阜 1 号	53.88	9.14	6.59	3.14	1.39
辽阜 2 号	39.85	10.13	7.89	2.95	1.28
HS4	48.28	10.96	8.17	3.34	1.34
HS6	54.04	10.49	7.62	2.70	1.38
丘杂 F1	17.00	5.93	6.59	2.73	0.90
亚中杂	14.86	6.23	5.97	2.47	1.04

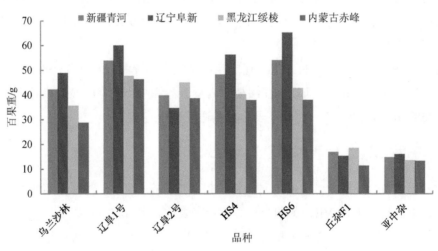

图 2-37　不同试验点不同品种百果重比较

表 2-36 和图 2-37 表明，辽宁阜新试验点 5 个大果品种乌兰沙林、辽阜 1 号、辽阜 2 号、HS4、HS6 的百果重同样表现出大果特性，百果重分别为 48.90 g、60.05 g、34.70 g、56.30 g、65.31 g，显著高于沙棘杂种（丘杂 F1、亚中杂），同样，5 个大果品种百果重之间的差异也是非常显著的，辽阜 1 号、HS6 的百果重均超过了 60 g，优于新疆青河和

黑龙江绥棱试验点。

表 2-36　辽宁阜新试验点不同品种果实特性比较

品种	百果重/g	纵径/mm	横径/mm	果柄长/mm	纵横比
乌兰沙林	48.90	10.01	8.95	3.68	1.12
辽阜 1 号	60.05	10.23	7.26	3.69	1.41
辽阜 2 号	34.70	11.30	9.06	3.67	1.25
HS4	56.30	11.52	8.50	4.05	1.36
HS6	65.31	11.57	7.26	3.09	1.22
丘杂 F1	15.40	5.99	6.29	2.85	0.95
亚中杂	16.10	7.08	6.05	2.90	1.17

表 2-37 和图 2-37 表明，黑龙江绥棱试验点 5 个大果品种乌兰沙林、辽阜 1 号、辽阜 2 号、HS4、HS6 的百果质量与新疆青河、辽宁阜新两个试验点相同，同样表现出大果的特性，百果重分别为 35.60 g、47.70 g、45.00 g、40.25 g、42.76 g，同样，5 个大果品种百果重的差异也是非常显著的。

表 2-37　黑龙江绥棱试验点不同品种果实特性比较

品种	百果重/g	纵径/mm	横径/mm	果柄长/mm	纵横比
乌兰沙林	35.60	9.18	7.97	2.84	1.15
辽阜 1 号	47.70	8.05	5.92	2.58	1.36
辽阜 2 号	45.00	8.96	6.72	2.23	1.34
HS4	40.25	10.39	7.84	2.62	1.32
HS6	42.76	9.41	7.98	2.30	1.18
丘杂 F1	18.60	5.87	6.88	2.60	0.86
亚中杂	13.61	5.38	5.88	2.04	0.91

表 2-38 和图 2-37 表明，内蒙古赤峰试验点与上述三个试验点类似，5 个大果品种的百果重同样表现出了大果的特性，百果重分别为 28.80 g、46.40 g、38.70 g、37.90 g、38.03 g，但是低于上述三个试验点。

表 2-38　内蒙古赤峰试验点不同品种果实特性比较

品种	百果重/g	纵径/mm	横径/mm	果柄长/mm	纵横比
乌兰沙林	28.80	9.63	7.54	3.38	1.28
辽阜 1 号	46.40	11.90	8.52	3.96	1.40
辽阜 2 号	38.70	11.07	7.83	3.60	1.42
HS4	37.90	11.12	8.05	4.55	1.39
HS6	38.03	10.48	7.96	3.10	1.32
丘杂 F1	11.44	5.26	5.56	1.65	0.95
亚中杂	13.44	5.80	6.15	2.34	0.94

2.2.4.2　果实纵径与横径比较

表 2-35 和图 2-38、图 2-39 表明，新疆青河试验点 5 个大果品种的纵径在 9.14～10.96 mm，横径在 6.59～8.46 mm。纵径由大到小的顺序为 HS4、HS6、辽阜 2 号、乌兰沙林、辽阜 1 号，分别为 10.96 mm、10.49 mm、10.13 mm、9.60 mm、9.14 mm，可见大果品种纵径有一定差异，但差异不明显（$p > 0.05$）。横径由大到小的顺序为乌兰沙林、HS4、辽阜 2 号、HS6、辽阜 1 号，分别为 8.46 mm、8.17 mm、7.89 mm、7.62 mm、6.59 mm，很明显，纵径大小排序与横径并不一致。2 个杂种丘杂 F1、亚中杂的纵径分别为 5.93 mm、6.23 mm，横径分别为 6.59 mm、5.97 mm，二者差异不明显（$p > 0.05$）。

表 2-36 和图 2-38、图 2-39 表明，辽宁阜新试验点 5 个大果品种的纵径在 10.01～11.57 mm，横径在 7.26～9.06 mm。纵径由大到小的顺序为 HS6、HS4、辽阜 2 号、辽阜 1 号、乌兰沙林，分别为 11.57 mm、11.52 mm、11.30 mm、10.23 mm、10.01 mm，大果品种纵径的差异不明显（$p > 0.05$）。横径由大到小的顺序为辽阜 2 号、乌兰沙林、HS4、辽阜 1 号、HS6，分别为 9.06 mm、8.95 mm、8.50 mm、7.26 mm、7.26 mm，很明显，纵径与横径排序也不一致。2 个杂种丘杂 F1、亚中杂的纵径分别为 5.99 mm、7.08 mm，横径分别为 6.29 mm、6.05 mm，二者差异不明显（$p > 0.05$）。

表 2-37 和图 2-38、图 2-39 表明，黑龙江绥棱试验点 5 个大果品种的纵径在 8.05～10.39 mm，横径在 5.92～7.98 mm。纵径由大到小的顺序为 HS4、HS6、乌兰沙林、辽阜 2 号、辽阜 1 号，分别为 10.39 mm、9.41 mm、9.18 mm、8.96 mm、8.05 mm。横径由大到小的顺序为 HS6、乌兰沙林、HS4、辽阜 2 号、辽阜 1 号，分别为 7.98 mm、7.97 mm、

7.84 mm、6.72 mm、5.92 mm，很明显，纵径与横径排序也不尽相同。2 个杂种丘杂 F1、亚中杂的纵径分别为 5.87 mm、5.38 mm，横径分别为 6.88 mm、5.88 mm，二者差异不明显（$p>0.05$）。

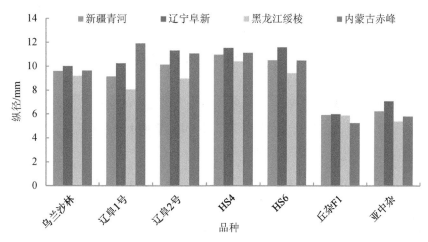

图 2-38　不同试验点不同品种纵径比较

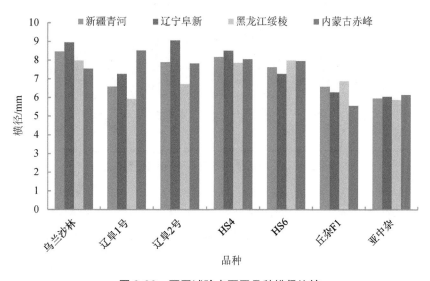

图 2-39　不同试验点不同品种横径比较

表 2-38 和图 2-38、图 2-39 表明，内蒙古赤峰试验点 5 个大果品种的纵径在 9.63～11.90 mm，横径在 7.54～8.52 mm。纵径由大到小的顺序为辽阜 1 号、HS4、辽阜 2 号、HS6、乌兰沙林，分别为 11.90 mm、11.12 mm、11.07 mm、10.48 mm、9.63 mm，同样大果品种纵径差异也不十分显著。横径由大到小的顺序为辽阜 1 号、HS4、HS6、辽阜 2 号、乌兰沙林，分别为 8.52 mm、8.05 mm、7.96 mm、7.83 mm、7.54 mm，可见纵径排序与横径基本一致。2 个杂种丘杂 F1、亚中杂的纵径分别为 5.26 mm、5.80 mm，横径分别为 5.56 mm、6.15 mm，二者差异不明显（$p > 0.05$）。

2.2.4.3 果柄长度比较

表 2-35 和图 2-40 表明，新疆青河试验点 5 个大果品种的果柄长度为 2.70～3.34 mm，2 个杂种丘杂 F1、亚中杂果柄长度分别为 2.73 mm、2.47 mm。很明显，5 个大果品种的果柄长要明显高于杂种，果柄长有利于采收。

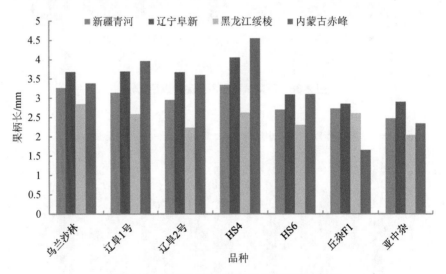

图 2-40　不同试验点不同品种果柄长度比较

此外，从表 2-36～表 2-38 的比较不难看出，辽宁阜新、黑龙江绥棱、内蒙古赤峰三个试验点不同品种果柄长度的表现特性与新疆青河试验点基本一致，存在的差异主要在数值的大小方面。

2.2.4.4 果实纵横比比较

果实的纵横比反映了果实的形状。前面曾提出果实形状划分的标准为：纵横比＜0.9，扁圆形；0.91～1.10，圆形；1.11～1.40，椭圆形；＞1.40，圆柱形。按照这一标准，从表 2-35～表 2-38 和图 2-41 中可以看出，除了辽宁阜新的辽阜 1 号（纵横比为 1.41）和内蒙古赤峰的辽阜 2 号（纵横比为 1.42）为圆柱形外，四个试验点的 5 个大果品种的纵横比都在 1.12～1.40 之间，均为椭圆形。2 个杂种方面，除了辽宁阜新的亚中杂（纵横比为 1.17，椭圆形）和黑龙江绥棱的丘杂 F1（纵横比为 0.86，扁圆形）外，四个试验点的 2 个杂种的纵横比都在 0.90～1.04，均为圆形。

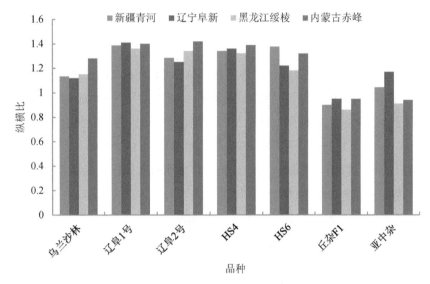

图 2-41　不同试验点不同品种果实纵横比比较

从以上分析可以看出，除个别试验点的品种外，不同品种在不同试验点的果实纵横比差异较小，这说明环境对果实形状的影响不明显。此外，需要指出的是，果实形状的划分是一个相对概念，特别是纵横比值介于两种果形之间时，果形的归属不是机械的，实际上在这种情况下，果形为过渡类型，归属哪一种果形均可。

2.2.4.5　不同试验点果实特性的变异

以上分析了每个试验点不同品种的果实特性，由于不同试验点立地环境质量的差异，即使同一个品种其对试验点环境的反应或者适应性特点也是不同的，这一点我们从图 2-37～图 2-41 就可以明显看出。下面就同一品种果实在不同试验点的变化特点作进一步的分析。

图 2-37 表明，百果重随试验立地条件的变化均有明显变化。乌兰沙林、辽阜 1 号、HS4、HS6 的百果重在不同试验点由大到小的顺序均为阜新＞青河＞绥棱＞赤峰，辽阜 2 号为绥棱＞青河＞赤峰＞阜新；丘杂 F1 为绥棱＞青河＞阜新＞赤峰，亚中杂为阜新＞青河＞绥棱＞赤峰。

图 2-38 表明，乌兰沙林果实纵径在四个试验点差异不明显（$p>0.05$）。辽阜 1 号在四个试验点差异显著，其中在黑龙江绥棱最小，在内蒙古赤峰最高；辽阜 2 号差异显著，辽宁阜新显著高于黑龙江绥棱（$p<0.05$）。HS4 和 HS6 在绥棱试验点纵径均最低，在阜新试验点最高，但差异不显著（$p>0.05$）。2 个杂种（丘杂 F1、亚中杂）在四个试验点差异不显著（$p>0.05$）。

图 2-39 表明，在果实横径方面，乌兰沙林、HS4 和 HS6 在四个试验点差异不明显（$p>0.05$）。辽阜 1 号和辽阜 2 号在四个试验点存在显著差异（$p<0.05$），但表现不尽相同，辽阜 1 号以内蒙古赤峰最高，辽阜 2 号以辽宁阜新最高。与果实纵径相同，2 个杂种（丘杂 F1、亚中杂）的横径在四个试验点差异不显著（$p>0.05$）。

从以上分析还可以看出，除 HS6 外，5 个大果品种的横径在黑龙江绥棱试验点均表现为较低值，其原因主要是绥棱试验点立地为沙地，与其他三个试验点相比较，立地条件最差，土壤肥力也比较低，严重影响到果实的发育和生长。

图 2-40 表明，果柄长度的变化也比较明显，几乎所有的供试品种在不同试验点均有一定的差异。5 个大果品种均以内蒙古赤峰、辽宁阜新为最长或较长，新疆青河次之，黑龙江绥棱为最短。2 个杂种（丘杂 F1、亚中杂）在辽宁阜新最长，新疆青河次之，在内蒙古赤峰和黑龙江绥棱最短。

图 2-41 表明，果实的形状在不同试验点有一定变化，这说明立地条件对果形也有一定影响，这一点与上面的分析是一致的。从变化的幅度大小看，乌兰沙林、辽阜 2 号、HS6、亚中杂变化幅度均比较大，其余品种变化幅度相对比较小。

2.2.4.6 百果重与果实特性指标的相关分析

图 2-42、图 2-43 和表 2-39 是不同试验点果实百果重与形态指标（纵径、横径、果柄长和纵横比）的相关图和相关分析结果。从图和表中可以看出，在新疆青河试验点，百果重与果实纵径、横径、果柄长、纵横比均达到了极显著正相关水平（$R^2=0.409\,3\sim 0.967\,2$，显著性水平为 $p=0.000\,1\sim0.046\,4$），表明百果重随果实特性指标的增大而线性增大。辽宁阜新和黑龙江绥棱两个试验点百果重与果实纵径和横径的关系与新疆青河

略有不同，百果重与纵径和横径均呈显著抛物线关系（$y=a+bx+cx^2$），即在纵径和横径的一定范围内，随着纵径和横径的增加百果重随之增加，当超过某一值后开始逐渐下降。略有不同的是，阜新试验点百果重与果柄长呈显著正相关关系（$R^2=0.273\,2$，$p=0.099\,0$），而绥棱试验点百果重与果柄长没有明显关系（$R^2=0.000\,4$，$p=0.957\,9$）。阜新和绥棱试验点百果重与纵横比均呈显著正相关关系。内蒙古赤峰试验点百果重与形态指标的关系规律与新疆青河试验点基本一致。

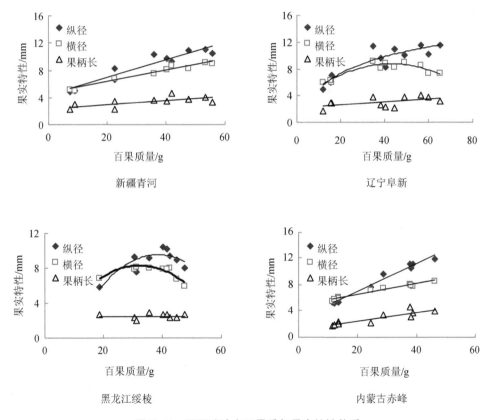

图 2-42　不同试验点百果重与果实特性关系

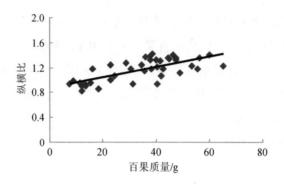

图 2-43　百果重与果实纵横比的关系

表 2-39　不同试验点百果重与果实特性关系

试验点	x	y	a	b	c	R^2	F	P
新疆青河	百果重	纵径	4.306 1	0.127 9		0.898 6	70.885 5	0.000 1
		横径	4.617 7	0.082 7		0.967 2	235.724 7	0.000 1
		果柄长	2.310 8	0.029 3		0.460 9	6.839 1	0.030 9
		纵横比	0.968 7	0.005 4		0.409 3	5.543 2	0.046 4
辽宁阜新	百果重	纵径	2.589 3	0.271 2	-0.002 2	0.813 9	17.492 5	0.001 2
		横径	2.952 0	0.266 2	-0.003 1	0.877 0	28.507 7	0.000 2
		果柄长	2.070 5	0.022 1		0.273 2	3.383 4	0.099 0
		纵横比	0.883 3	0.007 0		0.468 5	7.933 6	0.020 2
黑龙江绥棱	百果重	纵径	-4.826 8	0.738 1	-0.009 5	0.730 9	8.149 4	0.019 5
		横径	-0.094 3	0.516 2	-0.008 0	0.808 1	12.634 9	0.007 1
		果柄长	2.426 5	0.000 6		0.000 4	0.003 0	0.957 9
		纵横比	0.523 7	0.017 7		0.797 2	27.519 5	0.001 2
内蒙古赤峰	百果重	纵径	2.875 4	0.314 5		0.978 9	371.589 6	0.000 1
		横径	4.870 3	0.081 9		0.964 2	215.749 7	0.000 1
		果柄长	1.116 1	0.066 2		0.795 6	31.133 7	0.000 5
		纵横比	0.728 7	0.016 2		0.939 7	124.714 1	0.000 1
总样本	百果重	纵横比	0.880 7	0.008 2		0.499 8	37.973 4	0.000 1

注：$y=a+bx$，$y=a+bx+cx^2$。

图2-43是四个试验点总样本果实百果重与纵横比的关系图。表2-39和图2-44表明，百果重与纵横比呈显著线性相关（R^2=0.499 8，p=0.000 1），即随着果实纵横比的增加百果重随之增加。

根据以上分析可以明显看出，果实纵径、横径和纵横比均与百果重达到了极显著相关，不同试验点百果重与果实形态的关系方程存在显著的差异，说明百果重与果实形态的关系受立地环境的影响比较大，要进行准确预测，则要分别针对不同立地或试验区域进行。

2.2.5　不同试验点不同品种种子特性比较

种子特性是沙棘优良品种选育的重要目标之一。本节将从种子千粒重、长度、宽度、厚度、长宽比 5 个指标，对不同试验点不同品种的种子特性进行比较，并对种子形态指标间的相互关系以及与千粒重的关系进行统计分析，以揭示不同品种种子对不同试验区立地环境的反应和适应性特点，为新品种的选择和栽培提供理论依据。

2.2.5.1　种子千粒重比较

表 2-40 表明，新疆青河试验点 5 个大果品种种子的千粒重为 13.41～16.42 g，千粒重由大到小的顺序为 HS6（16.42 g）、乌兰沙林（16.37 g）、HS4（15.61 g）、辽阜 2 号（14.45 g）、辽阜 1 号（13.41 g）。2 个杂种（丘杂 F1、亚中杂）千粒重明显低于 5 个大果品种，分别为 8.99 g、8.34 g。

表 2-40　新疆青河试验点不同品种种子特性比较

品种	千粒重/g	长度/mm	宽度/mm	厚度/mm	长宽比
乌兰沙林	16.37	5.30	2.71	1.82	1.95
辽阜 1 号	13.41	5.04	2.52	1.77	2.00
辽阜 2 号	14.45	5.36	2.51	1.73	2.13
HS4	15.61	5.59	2.58	1.90	2.16
HS6	16.42	5.36	2.73	1.95	1.96
丘杂 F1	8.99	3.77	2.34	1.69	1.61
亚中杂	8.34	3.79	2.41	1.77	1.57

表 2-41 表明，辽宁阜新试验点 5 个大果品种种子的千粒重为 15.66～20.58 g，明显高于新疆青河试验点，千粒重由大到小的顺序为 HS6（20.58 g）、乌兰沙林（18.49 g）、辽阜 1 号（17.13 g）、HS4（16.82 g）、辽阜 2 号（15.66 g）。与新疆青河试验点相同，2 个杂种（丘杂 F1、亚中杂）千粒重明显低于 5 个大果品种，分别为 8.37 g、8.42 g。

表 2-41　辽宁阜新试验点不同品种种子特性比较

品种	千粒重/g	长度/mm	宽度/mm	厚度/mm	长宽比
乌兰沙林	18.49	5.58	2.79	1.92	2.03
辽阜 1 号	17.13	5.62	2.61	1.93	2.16
辽阜 2 号	15.66	5.73	2.59	1.71	2.23
HS4	16.82	5.81	2.57	1.92	2.27
HS6	20.58	5.92	2.93	2.11	2.02
丘杂 F1	8.37	3.71	2.15	1.56	1.73
亚中杂	8.42	4.16	2.25	1.77	1.86

表 2-42 表明，黑龙江绥棱试验点 5 个大果品种种子的千粒重为 9.70～14.40 g，千粒重由大到小的顺序为 HS4（14.40 g）、乌兰沙林（14.26 g）、辽阜 2 号（13.25 g）、HS6（12.27 g）、辽阜 1 号（9.70 g）。此外，从表中还可以看出，辽阜 1 号的千粒重明显小于其他大果品种，其原因也值得进一步研究。2 个杂种（丘杂 F1、亚中杂）千粒重明显低于 5 个大果品种，分别为 9.61 g、8.26 g。

表 2-42　黑龙江绥棱试验点不同品种种子特性比较

品种	千粒重/g	长度/mm	宽度/mm	厚度/mm	长宽比
乌兰沙林	14.26	5.02	2.63	1.72	1.91
辽阜 1 号	9.70	4.47	2.43	1.62	1.84
辽阜 2 号	13.25	4.99	2.43	1.76	2.06
HS4	14.40	5.38	2.59	1.89	2.08
HS6	12.27	4.80	2.53	1.80	1.90
丘杂 F1	9.61	3.84	2.53	1.82	1.52
亚中杂	8.26	3.43	2.58	1.78	1.33

表2-43表明，内蒙古赤峰试验点5个大果品种种子的千粒重为6.71～11.58 g，千粒重由大到小的顺序为辽阜1号（11.58 g）、辽阜2号（11.51 g）、乌兰沙林（10.94 g）、HS6（7.90 g）、HS4（6.71 g）。2个杂种（丘杂F1、亚中杂）千粒重明显低于前3个大果品种，分别为9.57 g、9.71 g，高于HS4和HS6。

表2-43   内蒙古赤峰试验点不同品种种子特性比较

品种	千粒重/g	长度/mm	宽度/mm	厚度/mm	长宽比
乌兰沙林	10.94	5.56	2.70	1.75	2.67
辽阜1号	11.58	5.35	2.51	1.62	2.14
辽阜2号	11.51	5.98	2.64	1.77	2.28
HS4	6.71	3.34	2.39	1.80	1.40
HS6	7.90	3.56	2.45	1.77	1.46
丘杂F1	9.57	3.78	2.34	1.64	1.62
亚中杂	9.71	3.85	2.75	1.83	1.40

2.2.5.2 种子长度、宽度和厚度的比较

表2-40表明，新疆青河试验点5个大果品种种子的长度为5.04～5.59 mm，宽度为2.51～2.73 mm，厚度为1.73～1.95 mm。长度由大到小的顺序为HS4、辽阜2号、HS6、乌兰沙林、辽阜1号，分别为5.59 mm、5.36 mm、5.36 mm、5.30 mm、5.04 mm，可见，5个大果品种种子长度有一定差异，但差异比较小。宽度由大到小的顺序为HS6、乌兰沙林、HS4、辽阜1号、辽阜2号，分别为2.73 mm、2.71 mm、2.58 mm、2.52 mm、2.51 mm，很明显长度大小排序与宽度并不一致，但不同品种宽度差异也不显著。厚度由大到小的顺序为HS6、HS4、乌兰沙林、辽阜1号、辽阜2号，分别为1.95 mm、1.90 mm、1.82 mm、1.77 mm、1.73 mm，同样，品种间的厚度差异也不太明显。2个杂种（丘杂F1、亚中杂）的长度分别为3.77 mm、3.79 mm，宽度分别为2.34 mm、2.41 mm，厚度分别为1.69 mm、1.77 mm，同样，2个杂种种子特征差异也不显著。根据以上比较分析，不难发现，5个大果品种种子特征值比较大，2个杂种的长度、宽度和厚度均较小。

表2-41表明，辽宁阜新试验点5个大果品种种子的长度为5.58～5.92 mm，宽度为2.57～2.93 mm，厚度为1.71～2.11 mm，差异均未达到显著水平（$p > 0.05$）。2个杂种

（丘杂 F1、亚中杂）的长度分别为 3.71 mm、4.16 mm，宽度分别为 2.15 mm、2.25 mm，厚度分别为 1.56 mm、1.77 mm，同样，2 个杂种种子特征差异也不显著（$p>0.05$）。综合比较 7 个品种的种子特征值，除辽阜 2 号厚度（1.71 mm）低于亚中杂（1.77 mm）外，5 个大果品种种子特征值较 2 个杂种高。

表 2-42 表明，黑龙江绥棱试验点 5 个大果品种种子的长度为 4.47～5.38 mm，差异达显著水平（$p<0.05$），HS4 显著高于辽阜 1 号；宽度为 2.43～2.63 mm，厚度为 1.62～1.89 mm，这两个特征值未达到显著差异（$p>0.05$）。2 个杂种（丘杂 F1、亚中杂）的长度分别为 3.84 mm、3.43 mm，宽度分别为 2.53 mm、2.58 mm，厚度分别为 1.82 mm、1.78 mm，种子特征值的差异不显著（$p>0.05$）。综合比较，5 个大果品种种子长度显著高于 2 个杂种（$p<0.05$），在种子宽度和厚度方面无显著性差异（$p>0.05$）。

表 2-43 表明，内蒙古赤峰试验点 5 个大果品种种子的长度为 3.34～5.98 mm，乌兰沙林、辽阜 1 号和辽阜 2 号明显高于 HS4 和 HS6（$p<0.05$）；宽度为 2.39～2.70 mm，厚度为 1.62～1.80 mm，品种间的差异不显著（$p>0.05$）。2 个杂种（丘杂 F1、亚中杂）的长度分别为 3.78 mm、3.85 mm，宽度分别为 2.34 mm、2.75 mm，厚度分别为 1.64 mm、1.83 mm，品种间的差异不显著（$p>0.05$）。总体而言，乌兰沙林、辽阜 1 号和辽阜 2 号的长度明显高于其余 4 个品种（$p<0.05$），7 个品种间的宽度、厚度没有明显差异（$p>0.05$）。

2.2.5.3 种子长宽比比较

表 2-40 表明，新疆青河试验点 5 个大果品种的长宽比为 1.95～2.16，2 个杂种（丘杂 F1、亚中杂）分别为 1.61、1.57，很明显，5 个大果品种的长宽比值均比较大。与果实类似，本书基于长宽比提出沙棘种子形状划分的标准：当长宽比值为 1.1～1.5 时，种子呈卵形；当长宽比值高于 1.5 时，种子呈长卵形。由于试验点 7 个品种的长宽比值均超过了 1.5，所以种子均呈长卵形。

表 2-41 表明，辽宁阜新试验点 5 个大果品种的种子长宽比值较大，为 2.02～2.27，丘杂 F1、亚中杂分别为 1.73、1.86，很明显，阜新试验点 5 个大果品种和 2 个杂种种子均呈长卵形。

表 2-42 表明，黑龙江绥棱试验点 5 个大果品种的种子长宽比为 1.84～2.08，丘杂 F1、亚中杂分别为 1.52、1.33。可见，黑龙江绥棱试验点 5 个大果品种和丘杂 F1 的种子均呈长卵形，与阜新试验点一致；亚中杂呈卵形。

表 2-43 表明，内蒙古赤峰试验点 5 个大果品种的种子长宽比为 1.40～2.67，HS4 和 HS6 的长度和宽度均比较小，特别是长度。关于内蒙古赤峰试验点造成 HS4 和 HS6 种子偏小的原因有待进一步研究。丘杂 F1、亚中杂长宽比分别为 1.62、1.40。从形状看，乌兰沙林、辽阜 1 号、辽阜 2 号、丘杂 F1 种子呈长卵形，HS4、HS6、亚中杂为卵形。

2.2.5.4 不同试验点种子特性的变异

从以上分析可以看出，每个试验点不同品种的种子特性因立地环境的差异均有不同程度的变化，反映出不同品种对试验立地的适应性变化特点。下面就同一品种种子在不同试验点的变化特点做进一步的分析和归纳，具体比较如图 2-44～图 2-48 所示。

图 2-44 为不同试验点不同品种种子千粒重比较图。图中表明，5 个大果品种除辽阜 1 号千粒重在黑龙江绥棱表现为最小外，在辽宁阜新表现为最大，其次为新疆青河和黑龙江绥棱，在内蒙古赤峰最小。而 2 个杂种（丘杂 F1、亚中杂）的千粒重则刚好相反，在内蒙古赤峰最大，在辽宁阜新、黑龙江绥棱较小。

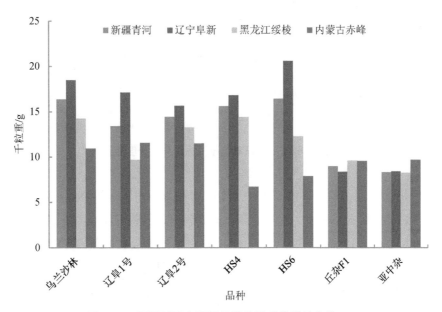

图 2-44　不同试验点不同品种种子千粒重的变化

图 2-45 为不同试验点不同品种种子长度比较图。图中表明，除辽阜 2 号外的大果品种均在辽宁阜新为最长；辽阜 2 号在内蒙古赤峰长度最长；乌兰沙林、辽阜 1 号在内蒙古赤峰为较长，长度大于新疆青河、黑龙江绥棱；HS4 和 HS6 在内蒙古赤峰的长度均为最小，在新疆青河的长度仅次于辽宁阜新。丘杂 F1 的长度在 3.71～3.84 mm，不同试验点之间无明显差异；亚中杂则在辽宁阜新为最长，在新疆青河和内蒙古赤峰次之，在黑龙江绥棱最短。

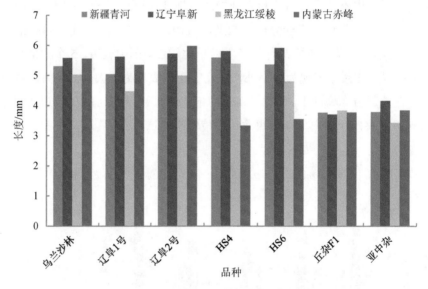

图 2-45　不同试验点不同品种种子长度的变化

图 2-46 为不同试验点不同品种种子宽度比较图。图中表明，乌兰沙林、辽阜 1 号、辽阜 2 号的宽度基本上表现为辽宁阜新、新疆青河、内蒙古赤峰大于黑龙江绥棱，但差异不显著（$p > 0.05$）；而同长度一样，HS4 和 HS6 的宽度在内蒙古赤峰又表现为最小，但差异也不显著（$p > 0.05$）；丘杂 F1、亚中杂分别在黑龙江绥棱、内蒙古赤峰的宽度最大，但差异也不显著（$p > 0.05$）。总体而言，不同品种种子宽度在不同试验点的差异皆不显著，说明宽度受地理环境的影响较小，稳定性好。

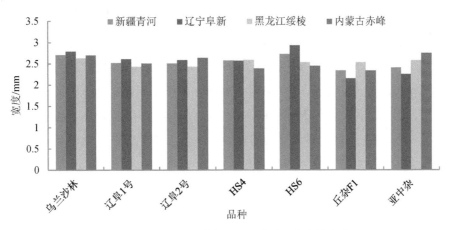

图 2-46　不同试验点不同品种种子宽度的变化

图 2-47 为不同试验点不同品种种子厚度比较图。图中表明，除辽阜 2 号外，大果品种的种子厚度均以辽宁阜新为最大，新疆青河次之，黑龙江绥棱和内蒙古赤峰最小，但均未达显著性差异（$p>0.05$）；辽阜 2 号的种子厚度在内蒙古赤峰最大，黑龙江绥棱和新疆青河次之，辽宁阜新最小，刚好与其他品种相反，但均未达显著性差异（$p>0.05$）；与长度一样，丘杂 F1、亚中杂的厚度分别在黑龙江绥棱、内蒙古赤峰较大，但差异也不显著（$p>0.05$）。同样，种子厚度在不同试验点的差异皆不显著，说明厚度的稳定性好。

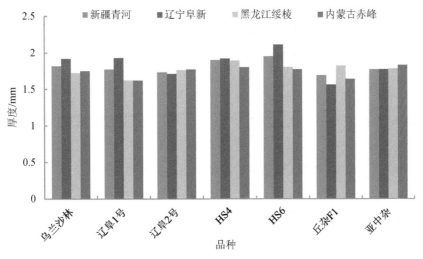

图 2-47　不同试验点不同品种种子厚度的变化

图 2-48 为不同试验点不同品种种子长宽比的比较图。图中表明，乌兰沙林在内蒙古赤峰试验点的种子长宽比显著大于其他三个试验点（$p<0.05$），而在新疆青河、辽宁阜新、黑龙江绥棱三个试验点差异较小（$p>0.05$）；辽阜 1 号和辽阜 2 号在辽宁阜新、内蒙古赤峰较大，在新疆青河、黑龙江绥棱较小，差异不明显（$p>0.05$）；HS4 和 HS6 在新疆青河、辽宁阜新、黑龙江绥棱无显著差异（$p>0.05$），但皆显著高于内蒙古赤峰（$p<0.05$）。丘杂 F1 在四个试验点间的差异不显著（$p>0.05$），亚中杂在辽宁阜新最高，显著高于其他三个试验点。

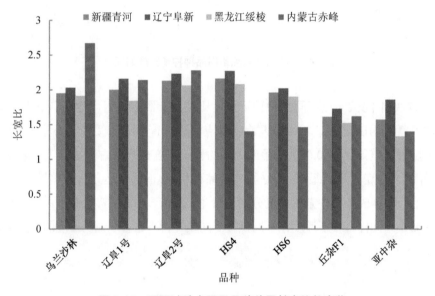

图 2-48　不同试验点不同品种种子长宽比的变化

2.2.5.5　种子特性指标相关分析

表 2-44 和图 2-49 是不同试验点种子千粒重与种子形态指标（长度、宽度、厚度和长宽比）的相关分析结果以及关系图。从表 2-44 和图 2-49 中可以看出，在新疆青河试验点，种子千粒重与长度、宽度、厚度和长宽比均达到了极显著正相关水平（$R^2=0.508\,3\sim0.892\,4$，$p=0.000\,1\sim0.020\,7$），表明种子千粒重随特性指标的增大而线性增大。辽宁阜新与新疆青河试验点类似，种子千粒重与长度、宽度、厚度和长宽比均达到了极显著正相关水平（$R^2=0.497\,0\sim0.848\,7$，$p=0.000\,1\sim0.015\,4$）。黑龙江绥棱试验点种子千粒重与长度和长宽比达到了显著正相关水平（$R^2=0.497\,8\sim0.589\,0$，$p=0.015\,8\sim0.033\,7$），

而与宽度和厚度均未有明显的相关性（R^2=0.032 1～0.090 7，p=0.430 9～0.649 9）。内蒙古赤峰试验点种子千粒重与长度、厚度和长宽比达到了极显著正相关水平（R^2=0.465 6～0.883 3，p=0.000 1～0.029 7），与宽度达到显著相关水平（R^2=0.305 2，p=0.097 7）。

表2-44　不同试验点不同品种千粒重与种子特性指标相关分析

试验点	y	x	a	b	R^2	F	P
新疆青河	千粒重	长度	2.709 9	0.163 2	0.892 4	66.382 7	0.000 1
		宽度	1.880 8	0.044 4	0.661 4	15.624 2	0.004 2
		厚度	1.541 9	0.025 7	0.592 3	11.620 5	0.009 2
		长宽比	1.543 1	0.032 2	0.508 3	8.268 2	0.020 7
辽宁阜新	千粒重	长度	2.019 6	0.206 6	0.848 7	50.503 7	0.000 1
		宽度	1.943 3	0.038 8	0.721 5	9.773 2	0.012 2
		厚度	1.391 1	0.032 0	0.551 2	11.054 8	0.008 9
		长宽比	1.230 4	0.051 8	0.497 0	8.894 1	0.015 4
黑龙江绥棱	千粒重	长度	1.774 4	0.242 9	0.589 0	10.032 0	0.015 8
		宽度	2.396 0	0.008 8	0.032 1	0.232 2	0.649 9
		厚度	1.550 8	0.018 5	0.090 7	0.698 6	0.430 9
		长宽比	0.783 6	0.091 3	0.497 8	6.939 5	0.033 7
内蒙古赤峰	千粒重	长度	−0.802 5	0.555 8	0.883 3	60.525 8	0.000 1
		宽度	2.252 8	0.032 3	0.305 2	3.513 6	0.097 7
		厚度	2.046 5	−0.031 4	0.465 6	6.961 5	0.029 7
		长宽比	−0.233 4	0.213 7	0.700 8	18.733 6	0.002 5
总样本	千粒重	长宽比	1.348 3	0.047 8	0.348 9	20.363 0	0.000 1

注：$y=a+bx$。

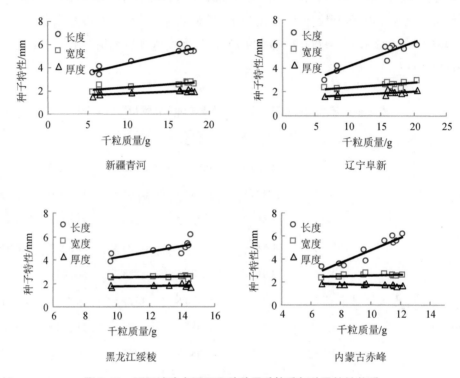

图 2-49 不同试验点不同品种种子千粒重与种子特性关系

此外，从表 2-44 中还可以看出，不同试验点种子千粒重与形态指标的关系方程存在一定的差异，这一点与百果质量与果实形态的关系一样，表明种子形态指标间的关系同样受立地环境的影响。关于表 2-44 中的参数 b 值，由于千粒重与长度关系方程的 b 值显著大于宽度、厚度和长宽比的 b 值，表明千粒重随长度增加而增加的幅度显著大于随宽度、厚度和长宽比增加而增加的幅度。

图 2-50 是四个试验点总样本种子千粒重与长宽比的关系图。从表 2-44 和图 2-50 中可知，种子千粒重与长宽比呈显著线性相关（R^2=0.348 9，p =0.000 1），很明显，总样本种子千粒重与长宽比的关系分析结果与各试验点分析结果完全一致，表明随着长宽比的增加千粒重随之增加。

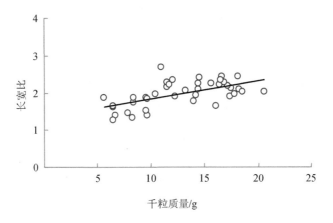

图 2-50　种子千粒重与长宽比的关系

2.2.6　不同品种生物活性物质比较

沙棘属植物富含生物活性物质。大量研究发现，沙棘果实、种子和叶片中的活性物质就有 200 余种，如 VC、VE、黄酮类、脂肪酸等物质含量远远超过了许多水果和蔬菜，在医疗和保健方面具有重要价值。本节将从果实、叶片两个方面分析、比较不同沙棘优良品种的主要生物活性物质的质量数及其变化规律，分析结果可为优良品种的产业化开发利用提供基础依据。

2.2.6.1　果实 VC 和 VE 含量比较

表 2-45 为新疆青河试验点的 7 个优良品种果实 VC 和 VE 含量比较表。表 2-45 表明，7 个优良品种的 VC 含量为 50.41～445.27 mg/100 g，很明显，不同品种果实 VC 含量的差异是非常显著的（见图 2-51）。乌兰沙林、HS4 和 HS6 均是以蒙古大果沙棘品种乌兰格木为基础，通过实生选种的方法选育出的大果沙棘品种，遗传背景基本还是乌兰格木，VC 含量均比较低，分别为 58.20 mg/100 g、86.25 mg/100 g、50.41 mg/100 g。辽阜 1 号、辽阜 2 号是以俄罗斯大果沙棘品种丘依斯克为基础，通过实生选种的方法选育出的大果沙棘品种，因此，遗传背景基本还是丘依斯克，VC 含量比较低，分别为 85.78 mg/100 g、98.72 mg/100 g。丘杂 F1 为俄罗斯大果沙棘丘依斯克与中国沙棘（无刺雄株）的杂种子代，VC 含量比较高，为 445.27 mg/100 g。亚中杂为中亚沙棘与中国沙棘的杂种，VC 含量为 202.24 mg/100 g。从以上比较不难看出，从蒙古亚种的优良品种

乌兰格木和俄罗斯品种丘依斯克中通过实生选育出的大果新品种 VC 含量比较低，而从中国沙棘亚种中选育出的优良品种和种源的 VC 含量均比较高，通过蒙古亚种与中国沙棘亚种杂交选育出的杂种，其 VC 含量均介于二者之间。很明显，如果需要选育大果无刺高 VC 含量的新品种，则需要引进中国沙棘的遗传成分，直接从蒙古亚种中选育高 VC 含量的品种难度比较大。相较之下，俄罗斯制定的食用沙棘新品种选育标准中 "VC 含量应大于 120 mg/100 g" 的标准是比较低的。

表 2-45　新疆青河试验点不同品种果实 VC 和 VE 含量比较　　　单位：mg/100 g

品种	VC 含量	VE 含量
乌兰沙林	58.20	1.53
辽阜 1 号	85.78	0.44
辽阜 2 号	98.72	0.46
HS4	86.25	0.13
HS6	50.41	1.50
丘杂 F1	445.27	1.09
亚中杂	202.24	2.07

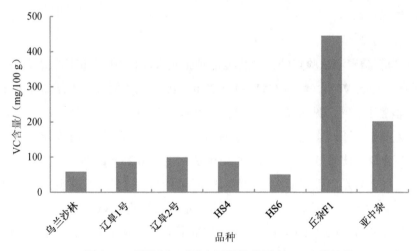

图 2-51　新疆青河试验点不同品种果实 VC 含量比较

表 2-45 和图 2-52 表明，7 个供试品种果实 VE 的含量为 0.13～2.07 mg/100 g，可见与 VC 含量一样，不同品种 VE 含量的差异也是非常明显的，VE 含量的差异为高 VE 含量优良品种的选育提供了可能。VE 含量在 2 mg/100 g 以上的品种只有亚中杂 1 个，1～2 mg/100 g 的品种有乌兰沙林、HS6、丘杂 F1 3 个，其他品种均在 1 mg/100 g 以下。关于 VC 和 VE 含量的关系比较复杂，二者之间的关系趋势不甚明显。

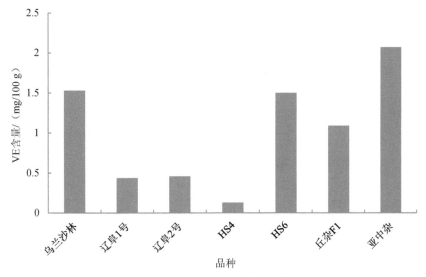

图 2-52　新疆青河试验点不同品种果实 VE 含量比较

2.2.6.2　果实黄酮含量比较

表 2-46 为新疆青河试验点优良品种果实黄酮含量比较表。此表表明，不同优良品种的果实总黄酮含量差异非常显著。相比较而言，20 mg/100 g 以上的有丘杂 F1、HS4 2 个品种，其余品种均在 20 mg/100 g 以下。俄罗斯食用新品种的黄酮标准是，黄酮类化合物的含量要高于 100 mg/100 g，如果按此标准，本试验中的国外沙棘品种在总黄酮含量方面低于原来的品种选育地的含量，表明果实黄酮含量随着环境的变化而发生变化，不具有遗传稳定性。

表 2-46　新疆青河试验点不同品种果实黄酮含量比较　　　　单位：mg/100 g

品种	槲皮素	山奈酚	异鼠李素	总黄酮
乌兰沙林	1.03	0.30	0	1.33
辽阜 1 号	1.82	1.31	0.78	3.91
辽阜 2 号	2.34	1.03	0.75	4.12
HS4	14.87	2.27	5.41	22.55
HS6	8.31	3.79	5.97	18.07
丘杂 F1	20.29	4.41	10.36	35.06
亚中杂	2.98	3.12	0.95	7.05

从黄酮组分含量比较，槲皮素含量为 1.03～20.29 mg/100 g，山奈酚含量为 0.30～4.41 mg/100 g，异鼠李素含量为 0～10.36 mg/100 g，很明显，黄酮的组分主要以槲皮素和异鼠李素为主，山奈酚的含量比较小。

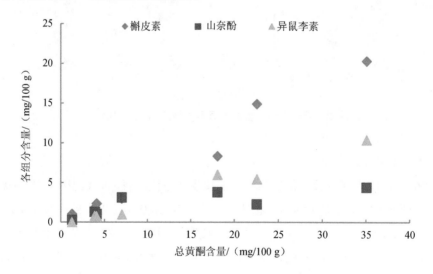

图 2-53　新疆青河试验点不同品种果实黄酮含量比较

此外，从图 2-53 的比较还可以看出，尽管在总黄酮含量中槲皮素和异鼠李素是主要组成成分，而且总体上二者显著高于山奈酚，但是从各组分含量随总黄酮含量变化的趋势看，随着总黄酮含量的增加，三个组分含量均随之增大，各组分含量与总黄酮含量呈明显的正相关关系。反过来看，如果果实总黄酮含量下降，槲皮素、异鼠李素和山奈酚三者的含量不仅随之下降，而且三个组分含量之间的差异也随之变小，这是沙棘果实黄酮组分含量变化的一个重要规律。

2.2.6.3 叶片黄酮含量比较

表 2-47 为新疆青河试验点不同品种叶片黄酮含量的测定结果，从中可以看出，不同品种其黄酮组分含量和总黄酮含量均有明显差异。

比较总黄酮含量，亚中杂最高，为 3 341.8 mg/100 g；丘杂 F1 最低，为 870.6 mg/100 g；其余品种均介于 2 000～3 000 mg/100 g。

表 2-47　新疆青河试验点不同品种叶片黄酮含量比较　　单位：mg/100 g

品种	槲皮素	山奈酚	异鼠李素	总黄酮
乌兰沙林	1 435.6	387.3	566.7	2 389.6
辽阜 1 号	1 459.8	219	491.8	2 170.6
辽阜 2 号	1 554.8	343.4	355.4	2 253.6
HS4	1 998.2	306.3	666.1	2 970.6
HS6	1 515.2	282.7	546.1	2 344
丘杂 F1	511.3	188.7	170.6	870.6
亚中杂	2 146.5	518.7	676.6	3 341.8

比较槲皮素含量，亚中杂最高，为 2 146.5 mg/100 g；丘杂 F1 最低，为 511.3 mg/100 g；其余品种均介于 1 000～2000 mg/100 g 之间。

比较山奈酚含量，亚中杂最高，为 518.7 mg/100 g；丘杂 F1 最低，为 188.7 mg/100 g；其余品种均介于 200～500 mg/100 g 之间。

比较异鼠李素含量，亚中杂最高，为 676.6 mg/100 g；丘杂 F1 最低，为 170.6 mg/100 g；其余品种均介于 200～600 mg/100 g 之间。

表 2-47 表明，叶片黄酮主要由槲皮素组成，占总黄酮含量的 58.73%～68.99%，山奈酚和异鼠李素分别占 10.09%～21.67% 和 15.77%～23.72%。此外，山奈酚和异鼠李素含量在不同品种之间略有差异，但从总的趋势看，二者之间的差异比较小。此外，图 2-54

还表明，随着叶片总黄酮含量的下降，各组分含量也随之下降，相比较而言，槲皮素的下降幅度大于山奈酚和异鼠李素；并且随着叶片总黄酮含量的下降，三个组分含量的差异也在逐渐缩小。这是一个非常有趣的规律。

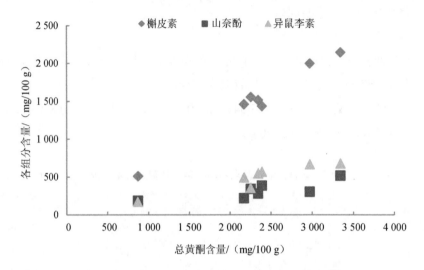

图 2-54　新疆青河试验点不同品种叶片黄酮含量比较

2.2.7　国内沙棘品种引进与选育小结

针对我国选育出的 7 个沙棘优良品种（5 个经济型大果品种，即乌兰沙林、辽阜 1 号、辽阜 2 号、HS4、HS6，2 个杂交品种，即丘杂 F1、亚中杂），我们开展了系统的区域化试验，在新疆青河的试验结论如下：

①成活率和保存率：新疆青河试验点第 1 年成活率在 50% 以上的品种有丘杂 F1、亚中杂、辽阜 1 号、辽阜 2 号等 4 个，其余 3 个品种均在 50% 以下；第 4 年保存率在 50% 以上的品种有辽阜 1 号、HS6、HS4、丘杂 F1 等 4 个，其余 3 个品种均在 50% 以下。

②生长与结果特性：5 个经济型大果品种株高在 144～157 cm，2 个杂交品种在 183～205 cm；大果品种冠幅在 93.8～102.6 cm，杂种冠幅在 155.9～160.8 cm；很明显，沙棘杂种的株高和冠幅显著高于大果品种。7 个品种的结果性能与从国外引进的品种相比，结果量很差，栽培意义不大。

③沙棘果实特性：百果重 50 g 以上的品种有 HS6、辽阜 1 号 2 个，40～50 g 的有 HS4、乌兰沙林 2 个，30～40 g 的为辽阜 2 号；2 个杂交品种均在 20 g 以下。

④各品种在新疆适生性的排序：丘杂 F1、亚中杂、HS6、HS4、辽阜 2 号、辽阜 1 号、乌兰沙林，沙棘杂种的适生性显著高于大果品种。

综合以上结果，我国自主选育出的 5 个经济型大果沙棘品种和 2 个杂交品种在新疆适宜栽培的品种排序是 HS6、辽阜 1 号、HS4、乌兰沙林、辽阜 2 号、亚中杂、丘杂 F1；但与从国外引进的品种相比较，栽培意义不大。

2.3　新疆沙棘良种的选育与区试

新疆阿勒泰地区是蒙古沙棘的重要分布区之一，在阿勒泰野生沙棘中存在许多优良的大果沙棘资源，我们引种的俄罗斯大果沙棘也是俄罗斯科研人员从阿尔泰山系蒙古沙棘资源中优选出的优良品种。因此，在阿勒泰地区开展大果沙棘优良品种选育工作意义重大，可筛选出优良的适宜于新疆区域生长的品种。

新疆沙棘的良种选育由新疆林业科学院、阿勒泰地区林业局、吉木萨尔林木良种试验站等单位的科研、技术人员共同从第二次林业资源调查（2005—2008 年）期间展开。

2.3.1　材料与方法

2.3.1.1　优树、良种的选育

（1）选择的主要经济指标

试验原始材料调查区域主要在阿勒泰地区的阿勒泰市、青河县、布尔津县、哈巴河县等 30 万亩野生沙棘林中进行，选择的主要技术经济指标如下：①树体生长发育良好，树干自然整枝良好，枝下高度不小于树干总长的 1/3；②树体健壮，无病虫害；③已开花结实的单株，果实纵横径大于 0.7 cm 以上，色泽鲜亮，果面干净，口感较好，平均百粒重≥30 g，可食率≥50%；④抗逆性较强，棘刺少，果柄长。

（2）优树选择方法

在 30 万亩野生沙棘林中，根据技术经济指标进行初选；在初选的基础上，根据生长表现、结果率、生物学特性等方面的观测与调查、测定，进行复选；在复选的基础上，

对每个单株采条并进行无性繁殖，建立试验地，建立试验林，定点定时观测，进行决选；在决选的基础上，对决选优株进行多点栽培试验，逐一观察它们的各项指标是否符合良种要求，进行良种确定与审定。

2.3.1.2　区域多点栽培试验

选择新疆沙棘的主要分布和栽培区作为区试地点：①阿勒泰地区青河县大果沙棘良种基地，②昌吉回族自治州吉木萨尔县石场沟乡，③克孜勒苏柯尔克孜自治州阿合奇县库兰萨日克乡。试验材料为决选的优良单株，对照品种为深秋红（雌株）、阿列伊（雄株），株行距为 2 m×3 m，雌雄株配比为 8∶1。试验园的施肥、除草、修剪、病虫害防治等方面实行措施一致、统一管理，对其树体生长发育、丰产性、抗逆性等情况进行全面调查和统计、比较分析，最终选出适于当地栽培的品种。

青河县地处阿勒泰地区最东边，准噶尔盆地东北边缘，阿尔泰山东南麓。地势北高南低向西倾斜，依次分为高山、中山、低山、丘陵、戈壁、沙漠等地带。县城海拔高度 1 218 m，境内最高点海拔 3 659 m，最低处 900 m。乌伦古河流经此处，属大陆性北温带干旱气候，高山高寒，四季变化不明显，空气干燥，冬季漫长而寒冷，风势较大，夏季凉爽，年降雨量小，蒸发量大。极端最低气温为-53℃，最高气温达 36.5℃，年平均气温 0℃，年均降水量 161 mm，蒸发量达 1 495 mm，无霜期平均为 103 d。

吉木萨尔县为典型的温带大陆性干旱气候，冬季寒冷，夏季炎热，昼夜温差大。由于地形条件的影响，由南向北气候差异较大，南部夏季降水较多，北部沙漠性气候特征显著。

阿合奇县为中温带大陆性干旱气候，四季不甚分明，长冬无夏，春秋相连，昼夜温差较大，多年平均气温为 6.2℃，冬季严寒，极端最低气温达-30℃，夏季凉爽，无霜期为 120～160 d，年均降水 180 mm 左右，蒸发量 2 311 mm。

注：从 2014 年起，自治区工作重点转移，课题组主要成员参与了"访惠聚"工作，造成吉木萨尔县和阿合奇县没有严格按试验设计执行，导致数据测定不全，但是每年年底安排课题成员进行现场观测，观测优良单株和对照的生长表现、适应性均良好，与青河县的生长情况基本相同，因此，本书采用青河县数据进行分析和总结。

2.3.1.3 品质测定

2016 年，随机选树势健壮、生长一致的树体，果实成熟时在每株向南枝条的中间部位取果实 500 g，送新疆农科院分析检查中心进行果实营养成分测试分析。测定指标包括果实百粒重、种子千粒重、果肉 VC 含量、含水量、总糖、总酸等。

2.3.2 优良品种的选育

2.3.2.1 优良品种的选育过程

初选：根据选优目标和标准，通过查阅资料、现场调查测定、走访群众等方式，确定目标单株，进行初选，对初选的母株进行编号、挂牌、登记、定期观察等，从 30 万亩野生沙棘林中根据棘刺量、果实产量、生长表现筛选出在野外分布的 227 个表型优良的单株（GPS 定位）。

复选：对初选出的沙棘优选单株，进行室内外鉴定和调查、对比，在综合分析评判的基础上，对 227 个优良单株的生长表现、结果率、生物学特性等进行认真观测、仔细调查、测定，从中筛选出 72 个沙棘的优良单株。

决选：72 个优株，对每个单株采条并进行无性繁殖，在青河县、吉木萨尔县建立了 20 亩试验地，每个优株各选取 70 株建立试验林，进行定点定时观测，从物候、树体、果实生长发育特征、病虫危害情况、抗逆的强弱性等方面进行比较、决选，从果实品质及营养成分测定分析等方面，再次对母树进行多点试验的系统调查、比较鉴定及选优小组鉴评，选出 29 个雌株和 1 个雄株。

良种确定：对 30 个决选优株进行多点栽培试验，逐一观察它们的各项指标是否符合良种要求。对这 30 个优良单株在生物学特性、棘刺量、抗逆性、果实产量、果品品质等方面进行系统对比，并以深秋红和阿列伊 2 个品种作为对照，经过 5 年观测和系统的评判，确定了 5 个良种，并进行了审定，命名为新棘 1～5 号，这些良种在生长、开花结实、抗病虫害等方面的总体表现都非常好，并且成活率高，抗逆性、适应性均强，长势好，棘刺少；选育的雄株花粉量大，树体生长旺盛，树形高大，同样棘刺少。

2.3.2.2 多点栽培试验结果分析

（1）30 个不同沙棘优株物候期调查

2016 年，在青河县试验点对 30 个优选单株的物候期观察统计，结果见表 2-48。从表 2-48 可以看出，30 个野生沙棘良种基本是在 4 月下旬开始萌动发芽，5 月初开始开花。早熟品种 8 月上旬就已成熟，晚熟品种 9 月中旬成熟。

表 2-48　不同沙棘优株物候期调查表

序号	芽萌动期	展叶初期	抽梢期	始花期	盛花期	成熟期
BT-01-27	4.22	4.25	4.29	5.3	5.8	8.20
BT-02-01	4.21	4.24	4.28	5.2	5.7	8.15
BT-03-01	4.23	4.25	4.29	5.3	5.8	8.10
BT-04-01	4.24	4.26	5.1	5.4	5.9	9.10
BT-05-01	4.24	4.26	4.30	5.4	5.9	9.15
BT-06-01	4.21	4.24	4.28	5.2	5.7	8.15
BT-06-04	4.24	4.27	5.1	5.4	5.9	9.17
BT-06-05	4.22	4.25	4.29	5.3	5.8	8.20
BT-07-02	4.22	4.25	4.29	5.3	5.8	8.25
BT-08-01	4.23	4.25	4.29	5.3	5.8	8.25
BT-08-02	4.25	4.28	5.3	5.5	5.10	9.15
BT-09-01	4.23	4.25	4.29	5.4	5.9	9.10
BT-10-01	4.24	4.27	5.1	5.4	5.9	9.10
BT-11-01	4.24	4.27	4.30	5.4	5.9	9.15
BT-12-01	4.25	4.28	5.3	5.5	5.9	9.15
HH-01-01	4.24	4.27	5.1	5.3	5.8	9.15
HH-02-01	4.23	4.25	4.30	5.4	5.9	9.10
HH-02-02	4.24	4.27	5.1	5.4	5.9	9.20
HH-03-01	4.25	4.29	5.3	5.4	5.9	9.15
HH-04-01	4.23	4.26	5.1	5.3	5.8	9.20
HH-05-01	4.25	4.29	5.3	5.4	5.9	9.15
HH-06-01	4.23	4.27	5.1	5.4	5.9	9.20
HH-07-01	4.23	4.26	4.30	5.2	5.7	8.25
HH-08-01	4.24	4.28	5.1	5.4	5.9	9.20
HH-08-02	4.22	4.25	4.30	5.3	5.8	9.15

序号	芽萌动期	展叶初期	抽梢期	始花期	盛花期	成熟期
HT-01-01	4.22	4.25	4.28	5.2	5.7	8.15
HK-01-01	4.25	4.29	5.2	5.4	5.9	9.20
HK-02-01	4.23	4.24	4.29	5.3	5.8	9.15
HK-03-01	4.23	4.25	5.1	5.4	5.9	9.20
深秋红（CK）	4.26	4.30	5.3	5.6	5.11	10.15
XT-01（雄）	4.21	4.24	4.28	5.1	5.6	—
阿列伊（CK）	4.21	4.24	4.28	4.30	5.6	—

（2）30个不同沙棘优株的形态特性

2016年，在青河县试验点，我们对优选出的30个优良单株4年生的植株进行株高、冠幅、地径、叶片、枝条等的观察与测定，优良雌株以深秋红作为对照，雄株以阿列伊作为对照。

1）树高、冠幅、地径和新梢生长量特性

选取区组内各参试沙棘4年生优株测量其冠幅、地径、树高和新梢生长量。冠幅为苗木南北和东西方向宽度的平均值，地径为离地面10 cm处的树干直径。树高、冠幅和新梢生长量采用标好刻度的竹竿测量，地径用游标卡尺测量，结果见表2-49。

表2-49　不同沙棘优株生长调查表

优株	株高/cm	地径/cm	冠幅/cm	新梢生长量/cm	优株	株高/cm	地径/cm	冠幅/cm	新梢生长量/cm
BT-01-27	188.3	3.72	167.6	12.9	HH-02-01	242.1	4.67	207.2	16.7
BT-02-01	315.6	6.41	286.9	22.4	HH-02-02	248.7	4.86	216.7	17.8
BT-03-01	166.7	2.36	159.3	11.7	HH-03-01	241.6	4.81	238.1	19.6
BT-04-01	153.2	3.71	121.6	10.6	HH-04-01	233.6	4.64	215.4	17.5
BT-05-01	303.5	6.82	290.6	23.6	HH-05-01	205.2	4.75	189.7	14.7
BT-06-01	245.7	4.27	222.7	18.6	HH-06-01	214.4	4.27	196.5	15.2
BT-06-04	240.3	5.19	219.7	18.2	HH-07-01	272.3	4.62	245.9	20.7
BT-06-05	231.1	5.32	209.6	16.9	HH-08-01	232.1	4.47	205.4	16.5

优株	株高/cm	地径/cm	冠幅/cm	新梢生长量/cm	优株	株高/cm	地径/cm	冠幅/cm	新梢生长量/cm
BT-07-02	195.6	5.74	178.9	13.8	HH-08-02	266.5	4.92	218.4	18.2
BT-08-01	208.7	4.35	199.8	16.2	HT-01-01	273.9	4.97	243.6	19.8
BT-08-02	220.1	5.92	198.6	16.1	HK-01-01	223.8	6.08	198.1	15.9
BT-09-01	243.5	5.64	213.2	17.4	HK-02-01	273.1	5.32	251.6	21.3
BT-10-01	198.2	3.3	170.3	13.5	HK-03-01	175.6	3.76	151.3	11.3
BT-11-01	206.3	4.31	180.6	13.9	深秋红（CK）	205.3	4.81	183.2	14.2
BT-12-01	290.3	6.31	256.7	21.6	XT-01（雄）	203.6	3.87	199.8	17.3
HH-01-01	262.9	5.09	225.8	18.9	阿列伊（CK）	198.2	3.36	191.9	15.4

由表 2-49 可以看出，30 个沙棘优株和 2 个对照品种 4 年生苗株高在 153.2～315.6 cm，都达到了 150 cm 以上，植株生长健壮，29 个优选雌株与深秋红株高相比存在较大差异，2 个雄株之间株高差异不显著（见图 2-55）。

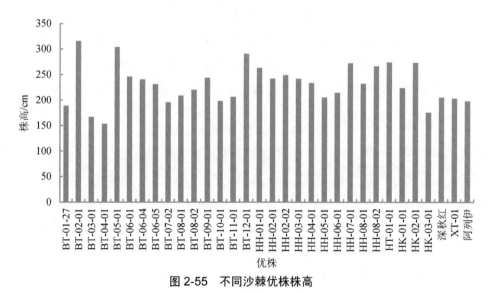

图 2-55　不同沙棘优株株高

由表 2-49 可以看出，29 个优选雌株 4 年生苗地径为 2.36～6.82 cm，深秋红地径为 4.81 cm，优选雌株与深秋红 4 年生苗地径存在较大差异。优选雄株 4 年生苗地径为 3.87 cm，阿列伊地径为 3.36 cm，2 个雄株间地径差异不显著，优选雄株生长势较好。

地径对比见图 2-56。

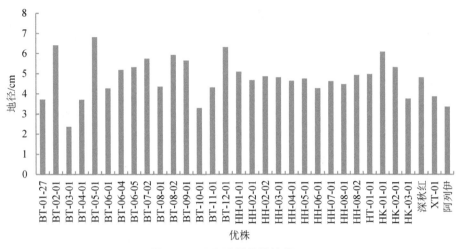

图 2-56 不同沙棘优株地径

由表 2-49 可以看出，29 个优选雌株 4 年生苗冠幅为 121.6～290.6 cm，深秋红冠幅为 183.2 cm，优选雌株与深秋红 4 年生苗冠幅之间存在较大差异。优选雄株 4 年生苗冠幅与阿列伊差异不显著，29 个优选雌株冠幅排在前 10 位的依次为 BT-05-01、BT-02-01、BT-12-01、HK-02-01、HH-07-01、HT-01-01、HH-03-01、HH-01-01、BT-06-01、BT-06-04。两个雄株间冠幅差异不显著，优选雄株 4 年生苗冠幅大于阿列伊。冠幅对比见图 2-57。

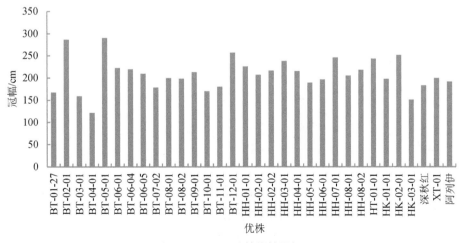

图 2-57 不同沙棘优株冠幅

由表 2-49 可以看出，29 个优选雌株 4 年生苗新梢生长量在 10.6～23.6 cm，与深秋红新梢生长量相比存在较大差异，29 个优选雌株排在前 10 位的依次为 BT-05-01、BT-02-01、BT-12-01、HK-02-01、HH-07-01、HT-01-01、HH-03-01、HH-01-01、BT-06-01、BT-06-04。优选雄株 4 年生苗新梢生长量高于阿列伊，新梢生长旺盛。新梢生长量对比见图 2-58。

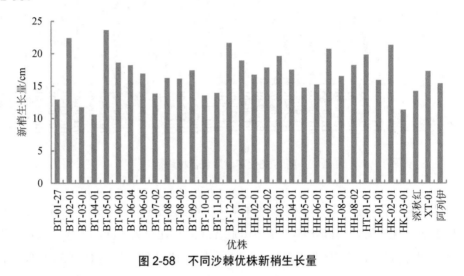

图 2-58 不同沙棘优株新梢生长量

对各优株株高、冠幅和地径进行相关分析，结果见表 2-50。

表 2-50 株高、地径和冠幅的相关关系

测定项	株高	地径	冠幅
株高	1	0.711**	0.972**
地径	0.711**	1	0.706**
冠幅	0.972**	0.706**	1

注：**$p < 0.01$。

由表 2-50 可以看出株高、地径和冠幅间存在正相关关系，株高与冠幅，株高与地径，地径与冠幅之间都存在极显著的相关性，即株高越高、地径越粗，冠幅越大。在青河县试验点观察优株株高、冠幅、地径和新梢生长量时还发现，不同的试验区，同一优

株在株高、冠幅、地径和新梢生长量上也存在一定差异，这可能与试验区内的立地条件及土、肥、水、植株、田间管理有关。在沙棘林的管理方面，适当进行修剪，调整冠幅，有利于丰产。

2）枝条特性

棘刺是果实采摘的主要限制因子，故在优树选择时将其作为一个选择指标。选取区组内各参试沙棘优株向阳方位树冠中部的中等长度的枝条，统计 1 年生枝中间部位 10 cm 段生长的棘刺数和 2 年生枝中间部位 10 cm 段生长的棘刺数，结果见表 2-51。

表 2-51　不同沙棘优株 10 cm 枝条棘刺统计数

优株	1 年生数量/个	2 年生数量/个	树皮色	优株	1 年生数量/个	2 年生数量/个	树皮色
BT-01-27	6	7	灰褐	HH-02-01	7	15	褐色
BT-02-01	7	18	灰褐	HH-02-02	3	9	棕褐
BT-03-01	6	10	浅灰	HH-03-01	2	3	褐色
BT-04-01	3	8	褐色	HH-04-01	3	11	灰褐
BT-05-01	1	4	褐色	HH-05-01	6	13	褐色
BT-06-01	3	5	褐色	HH-06-01	4	9	棕褐
BT-06-04	3	6	灰褐	HH-07-01	2	6	红褐
BT-06-05	5	11	棕褐	HH-08-01	6	15	灰褐
BT-07-02	4	8	褐色	HH-08-02	11	14	灰褐
BT-08-01	5	6	灰褐	HT-01-01	3	6	灰褐
BT-08-02	5	8	褐色	HK-01-01	5	9	灰褐
BT-09-01	5	7	灰褐	HK-02-01	7	10	棕褐
BT-10-01	7	8	棕褐	HK-03-01	5	11	棕褐
BT-11-01	3	4	褐色	深秋红（CK）	1	2	灰褐
BT-12-01	2	6	红褐	XT-01（雄）	2	5	褐色
HH-01-01	5	7	灰褐	阿列伊（CK）	3	5	绿褐

由表 2-51 可以看出，29 个优选雌株中 HH-02-01 的 2 年生枝条 10 cm 枝棘刺数达到了 15 个，最少的为 HH-03-01 和深秋红，分别仅为 3 个、2 个。我们在选择优株时尽量选择棘刺少的优株。按照 2 年生枝条棘刺数量由低到高排列，在前 10 位的是，深秋红＜HH-03-01＜BT-05-01、BT-11-01＜BT-06-01＜BT-12-01、HH-07-01、BT-06-04、HT-01-01、BT-08-01（见图 2-59）。优选雄株（XT-01）10 cm 枝条棘刺数和阿列伊的差异不显著，2 年生枝条 10 cm 枝棘刺数平均在 6～7 个。试验中发现，在略微干旱的地块，枝刺有明显的增加趋势，这也许是对干旱环境的一种适应。

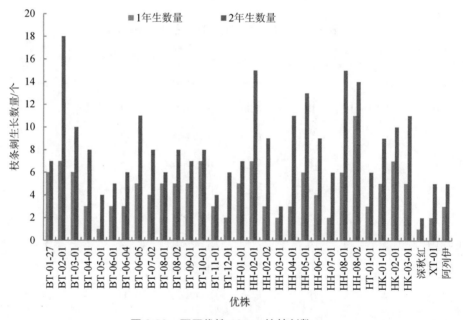

图 2-59　不同优株 10 cm 枝棘刺数

3）叶片生长特性

叶片的生长对产量的形成起着重要作用。我们测定了优株叶片的形状和 10 cm 枝条平均叶片数量。叶片形状分别选取各参试沙棘优株平均生长木向阳方位树冠中部的中等长度枝条中间位置的健康叶 30 片，以区组为单元，重复 4 次，采用精确度达 0.001 mm 的电子数显游标卡尺测量每片叶子的长和宽，记录数据精确到 0.001 cm。统计一年生枝条中间部位 10 cm 段的叶片数量，测定结果见表 2-52。

表 2-52　不同沙棘优株叶片生长情况

优株	叶片		叶长宽比	10 cm 枝叶片数/个	优株	叶片		叶长宽比	10 cm 枝叶片数/个
	长度/cm	宽度/cm				长度/cm	宽度/cm		
BT-01-27	3.774	0.606	6.228	14.25	HH-02-01	4.944	0.528	9.364	16.75
BT-02-01	3.362	0.526	6.392	20.25	HH-02-02	5.674	0.57	9.954	17.25
BT-03-01	3.682	0.54	6.819	14	HH-03-01	5.53	0.576	9.601	18.25
BT-04-01	4.362	0.68	6.415	11.75	HH-04-01	4.648	0.544	8.544	17.25
BT-05-01	3.746	0.598	6.264	20.75	HH-05-01	4.52	0.527	8.577	15.25
BT-06-01	5.758	0.596	9.661	17.5	HH-06-01	6.495	0.55	11.809	15.5
BT-06-04	5.326	0.608	8.760	17.5	HH-07-01	5.096	0.55	9.265	19.25
BT-06-05	4.986	0.582	8.567	16.75	HH-08-01	5.334	0.538	9.914	16.5
BT-07-02	6.922	0.656	10.552	14.75	HH-08-02	7.2	0.7	10.286	17.25
BT-08-01	4.504	0.662	6.804	16.25	HT-01-01	5.606	0.596	9.406	18.75
BT-08-02	4.078	0.914	4.462	15.75	HK-01-01	4.732	0.466	10.155	15.5
BT-09-01	5.162	0.454	11.370	17.25	HK-02-01	5.966	0.564	10.578	19.25
BT-10-01	4.21	0.616	6.834	14.75	HK-03-01	3.752	0.516	7.271	13.75
BT-11-01	4.425	0.64	6.914	14.75	深秋红（CK）	6.46	0.89	7.258	15.25
BT-12-01	7.91	0.862	9.176	19.75	XT-01（雄）	7.356	0.873	8.426	20.25
HH-01-01	5.274	0.552	9.554	18	阿列伊（CK）	7.61	0.94	8.096	20

　　一般认为，叶片长宽比可作为衡量品种抗逆性或者适应性的一个指标。我们优选的
29 株雌株除 BT-12-01 为芽变品种外，其余来源均为阿勒泰地区当地的野生种，由表 2-52
可以看出，优株 BT-03-01 4 年生植株叶片平均长度只有 3.682 cm，叶片宽度也仅有
0.54 cm，叶片细长，较窄。优株叶片长宽比较大，HH-06-01 优株叶片长宽比达到了 11.809，
这可能是沙棘优株长期适应干旱瘠薄环境的结果。不同优株叶片长宽比的对比见图 2-60。

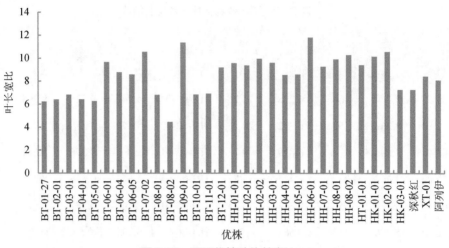

图 2-60　不同优株叶片长宽比

从表 2-52 可以看出，优选雌株 10 cm 枝条的叶片数在 11.75～20.75 个，各优株间叶片数量差异显著，按照叶片数量从高到低排列，在前 10 位的依次为 BT-05-01、BT-02-01、BT-12-01、HK-02-01、HH-07-01、HT-01-01、HH-03-01、HH-01-01、BT-06-01、BT-06-04（见图 2-61）。我们筛选出的雄株 XT-01 在叶片长度、叶片宽度和叶片数量上与主栽品种阿列伊差异不显著，叶片生长较为茂盛。

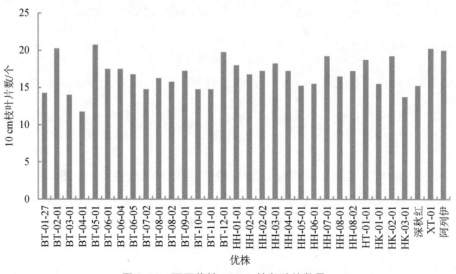

图 2-61　不同优株 10 cm 枝条叶片数量

我们对冠幅、新梢生长量和叶片数量进行相关分析，发现三者之间存在正相关性，结果见表 2-53。

表 2-53　冠幅、新梢生长量和叶片数量的相关关系

测定项	冠幅	新梢生长量	10 cm 枝条叶片数
冠幅	1	0.985**	0.875**
新梢生长量	0.985**	1	0.895**
10 cm 枝条叶片数	0.875**	0.895**	1

注：**表示 $p < 0.01$。

叶片数量也是反映植物生长量的重要指标，由表 2-53 可以看出，冠幅、新梢生长量和 10 cm 枝条叶片数间存在正相关关系，叶片数与冠幅的相关系数为 0.875，与新梢生长量的相关系数为 0.895，新梢生长量与冠幅相关系数为 0.985，均呈现极显著的正相关关系。即冠幅越大，新梢生长量越多，新梢 10 cm 段的叶片数量也越多。这也说明了叶片数量越大，自然光合产物的累积越大，因此生长量越大。

4）29 个优选雌株果实性状特性

果实形状测定：对试验林内 4 个区组 29 个优选雌株和深秋红品种单株进行人工采果，采用精确度达 0.001 mm 的电子数显游标卡尺测量优株果实的纵横径，记录数据精确到 0.001 cm。用万分之一天平测定各优株百果重，数据精确到 0.01 g。

根据果实长宽比，我们提出以下划分标准：圆形（0.91～1.10），椭圆形（1.11～1.40），圆柱形（>1.41）。以当地主栽品种深秋红为对照，测定结果见表 2-54。

表 2-54　优选雌株果实性状测定结果

优株	百果重/g	纵径/cm	横径/cm	果长宽比	色泽	形状	汁液	风味
BT-01-27	43.2	1.128	0.822	1.372	黄色	椭圆形	汁多爽口	略甜后味稍涩
BT-02-01	48.5	1.068	0.806	1.335	黄色	椭圆形	汁多爽口	略甜后味稍涩
BT-03-01	68.5	1.344	0.874	1.538	黄色	圆柱形	汁多爽口	略甜后味稍涩
BT-04-01	48.7	1.276	0.800	1.595	橙黄色	圆柱形	汁多	味稍涩

优株	百果重/g	纵径/cm	横径/cm	果长宽比	色泽	形状	汁液	风味
BT-05-01	57.62	1.564	0.908	1.722	橙黄色	圆柱形	汁多爽口	略甜
BT-06-01	55.2	1.136	0.868	1.309	黄色	椭圆形	汁少	略甜
BT-06-04	70.5	1.138	1.108	1.027	黄色	圆形	汁多爽口	略甜后味稍涩
BT-06-05	61	1.140	0.928	1.228	橙黄色	圆柱形	汁多爽口	略甜后味稍涩
BT-07-02	63	1.136	0.938	1.211	黄色	椭圆形	汁多爽口	略甜后味稍涩
BT-08-01	53.2	1.164	0.848	1.373	橙黄色	椭圆形	汁多	略甜
BT-08-02	59.7	1.030	0.950	1.084	黄色	圆形	汁多爽口	略甜后味稍涩
BT-09-01	54.2	1.140	0.876	1.301	黄色	椭圆形	汁少	略甜
BT-10-01	51.7	1.106	0.844	1.310	黄色	椭圆形	汁多	味稍涩
BT-11-01	77.5	1.128	0.976	1.156	橙黄色	椭圆形	汁多爽口	略甜后味稍涩
BT-12-01	84.4	1.33	1.064	1.250	鲜红色	椭圆形	汁多爽口	略甜后味稍涩
HH-01-01	57.45	1.244	0.840	1.481	黄色	圆柱形	汁多爽口	略甜后味稍涩
HH-02-01	51	1.156	0.836	1.383	橙红色	椭圆形	汁一般	略甜后味稍涩
HH-02-02	55.7	1.126	0.882	1.277	黄色	椭圆形	汁一般	涩味重
HH-03-01	65	1.206	0.966	1.248	橘黄色	椭圆形	汁多爽口	略甜后味稍涩
HH-04-01	56.7	1.29	0.866	1.490	黄色	圆柱形	汁多爽口	略甜后味稍涩
HH-05-01	37	1.06	0.810	1.309	橙黄色	椭圆形	汁一般	涩味重
HH-06-01	53.5	1.226	0.886	1.384	黄色	椭圆形	汁多爽口	略甜后味稍涩
HH-07-01	52.5	1.08	0.931	1.160	黄色	椭圆形	汁一般	略甜后味稍涩
HH-08-01	36	1.044	0.757	1.379	黄色	椭圆形	汁一般	略甜
HH-08-02	37.2	0.980	0.700	1.400	黄色	椭圆形	汁一般	略甜后味稍涩
HT-01-01	39	1.090	0.791	1.378	橙黄色	椭圆形	汁多	味稍涩
HK-01-01	37.2	1.062	0.764	1.390	黄色	椭圆形	汁少	略甜
HK-02-01	52.2	1.224	0.862	1.420	黄色	圆柱形	汁多	味稍涩
HK-03-01	51.2	1.168	0.87	1.343	黄色	椭圆形	汁一般	涩味重
深秋红（CK）	60.02	1.290	0.872	1.479	红色	圆柱形	汁多	味稍涩

由表 2-54 和图 2-62 可以看出，29 个优选雌株纵径在 0.980～1.564 cm，果实颗粒个头较大，按照果实纵径由高到低排列，前 10 位的依次为 BT-05-01、BT-03-01、BT-12-01、HH-04-01、深秋红、BT-04-01、HH-01-01、HH-06-01、HK-02-01、HH-03-01。

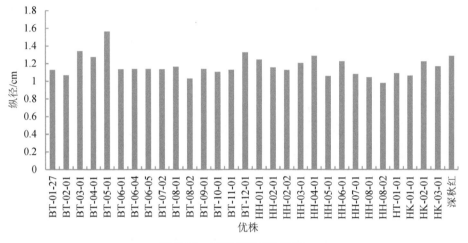

图 2-62　不同优株果实纵径

由表 2-54 和图 2-63 可以看出，29 个优选雌株横径在 0.700～1.108 cm，按照果实横径由高到低排列，前 10 位的依次为 BT-06-04、BT-12-01、BT-11-01、HH-03-01、BT-08-02、BT-07-02、HH-07-01、BT-06-05、BT-05-01、HH-06-01。

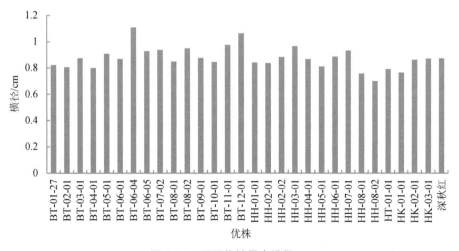

图 2-63　不同优株果实横径

果实百果重是重要的衡量果实大小的指标，由表 2-54 和图 2-64 可以看出，筛选出的 29 个沙棘优株的百果重存在较大差异，BT-12-01 的百果重达到 84.4 g，最小的是 HH-08-01，为 36 g。按照果实百果重由高到低排序，前 10 位依次为 BT-12-01、BT-11-01、BT-06-04、BT-03-01、HH-03-01、BT-07-02、BT-06-05、深秋红、BT-05-01、HH-01-01。

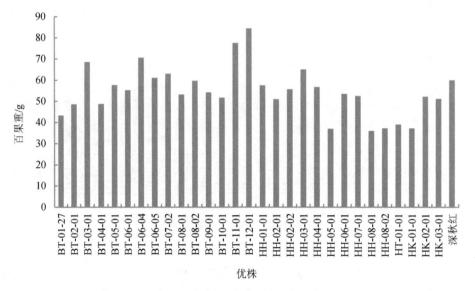

图 2-64　不同优株果实百果重

　　从表 2-54 可以看出，我们选择的优株果实色泽有黄色、橙黄色、鲜红色、橙红色和红色，果实较为饱满，形状以椭圆形居多。通过品尝果实，只有 HH-05-01、HK-03-01、HH-02-02 涩味重，大多都是略甜后味稍涩，个别味道酸中带甜，口感非常好。

　　对优株果实百果重、果实纵横径进行相关关系分析，结果见表 2-55。

表 2-55　果实百果重、果实纵横径的相关关系

测定项	百果重	果实纵径	果实横径
百果重	1	0.470*	0.872**
果实纵径	0.470*	1	0.307
果实横径	0.872**	0.307	1

注：*$p<0.05$，**$p<0.01$。

由表 2-55 可以看出，果实百果重、果实纵径和果实横径之间存在正相关关系，其中果实百果重与果实纵径的相关系数为 0.470，呈显著相关。果实百果重与果实横径的相关系数为 0.872，呈极显著相关，且相关性高于果实百果重与果实纵径的相关关系。果实纵横径之间不存在相关关系。这说明果实纵横径越大，果实百果重也越大。根据测定的 29 个优株的果实纵横径、百果重，结合口感，我们筛选出较优的 10 个优株：BT-12-01、BT-11-01、BT-06-04、BT-03-01、BT-05-01、HH-03-01、HH-01-01、HH-06-01、BT-07-02、BT-06-05。

5）29 个优选雌株的种子特性

对选出的 29 个优良单株的雌株分别测定种子千粒重及种子长、宽。对试验林内 4 个区组 29 个优选雌株和深秋红品种单株进行人工采果，去除汁液及果皮后，将种子置于阴凉处至恒质量，用万分之一天平称取不同优株的种子千粒质量，结果保留到 0.01 g。利用精确度达 0.001 mm 的电子数显游标卡尺测量优株种子的长和宽，记录数据精确到 0.001 cm，其结果见表 2-56。

按照种子的长宽比，我们提出了如下的划分标准：卵形（1.0～1.5），长卵形（＞1.5）。

表 2-56　优选雌株种子性状测定结果

优株	千粒重/g	长度/cm	宽度/cm	厚度/cm	长宽比	优株	千粒重/g	长度/cm	宽度/cm	厚度/cm	长宽比
BT-01-27	13.16	0.539	0.239	0.159	2.255	HH-01-01	18.42	0.622	0.282	0.195	2.206
BT-02-01	18.06	0.602	0.281	0.204	2.142	HH-02-01	15.66	0.558	0.256	0.175	2.180
BT-03-01	19.65	0.673	0.301	0.194	2.236	HH-02-02	17.78	0.591	0.277	0.197	2.134
BT-04-01	14.32	0.547	0.243	0.184	2.251	HH-03-01	21.44	0.726	0.315	0.219	2.305
BT-05-01	16.24	0.559	0.262	0.192	2.149	HH-04-01	17.92	0.597	0.278	0.199	2.147
BT-06-01	17.26	0.582	0.265	0.196	2.196	HH-05-01	10.94	0.508	0.216	0.163	2.352
BT-06-04	18.21	0.606	0.282	0.205	2.134	HH-06-01	17.71	0.591	0.271	0.201	2.181
BT-06-05	18.63	0.627	0.284	0.203	2.208	HH-07-01	16.82	0.566	0.263	0.193	2.152
BT-07-02	20.03	0.636	0.288	0.212	2.208	HH-08-01	10.67	0.486	0.213	0.172	2.282
BT-08-01	17.23	0.572	0.264	0.198	2.167	HH-08-02	11.36	0.511	0.227	0.173	2.251

优株	千粒重/g	长度/cm	宽度/cm	厚度/cm	长宽比	优株	千粒重/g	长度/cm	宽度/cm	厚度/cm	长宽比
BT-08-02	13.28	0.542	0.241	0.181	2.249	HT-01-01	12.79	0.522	0.235	0.157	2.221
BT-09-01	17.41	0.585	0.267	0.185	2.191	HK-01-01	11.28	0.509	0.221	0.165	2.303
BT-10-01	15.23	0.549	0.247	0.186	2.223	HK-02-01	16.08	0.559	0.257	0.177	2.175
BT-11-01	19.43	0.651	0.294	0.197	2.214	HK-03-01	15.54	0.556	0.252	0.187	2.206
BT-12-01	18.91	0.651	0.291	0.191	2.237	深秋红	11.77	0.629	0.224	0.173	3.636

种子千粒重、长度、宽度和厚度指标是能直接体现种子性状的指标。由表 2-56 可以看出，19 个优选雌株的种子千粒重在 10.67～21.44 g，差异较为显著，其中优选雌株 HH-03-01 的种子千粒重达到了最大值 21.44 g，且种子的长度、宽度和厚度均达到了最大值，分别为 0.726 cm、0.315 cm 和 0.219 cm。种子千粒重对比见图 2-65。

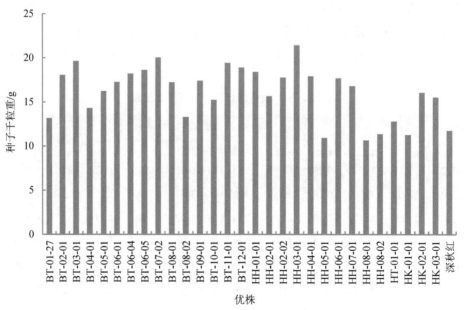

图 2-65　不同优株种子千粒重

由表 2-56 可以看出，19 个优选雌株的种子长度在 0.486～0.726 cm，宽度在 0.213～0.315 cm，厚度在 0.157～0.219 cm。由表 2-56 可以看出，19 个优选雌株种子的长宽比均在 2 以上，按照种子形状划分标准，19 个优选雌株种子均为长卵形。不同优株种子长度、宽度和厚度的对比见图 2-66。

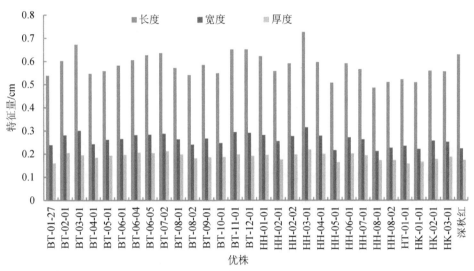

图 2-66　不同优株种子长度、宽度和厚度

对种子千粒重、宽度、厚度和长度进行相关分析，结果见表 2-57。

表 2-57　种子千粒重、种子长宽厚的相关关系

测定项	千粒重	长度	宽度	厚度
千粒重	1	0.845**	0.986**	0.884**
长度	0.845**	1	0.880**	0.751**
宽度	0.986**	0.880**	1	0.858**
厚度	0.884**	0.751**	0.858**	1

注：**$p < 0.01$。

由表 2-57 可以看出，种子千粒重、长度、宽度和厚度存在极显著的正相关关系（$p < 0.01$），即种子越宽，千粒重越重；种子越长，千粒重也越重；种子越厚，千粒重也越重。种子的千粒重和种子的长、宽、厚及种子长宽比等性状，可以为沙棘今后利用播种育苗实现高产提供理论依据。

（3）30个不同优株沙棘抗性情况调查

将优选雌株栽植到青河县试验林内，对试验区内的29个雌株和1个雄株进行成活率和保存率的统计。其间，每年观察树体的生长发育情况、病虫害危害情况和树体受伤情况，进行抗性评价，以深秋红和阿列伊为对照，结果见表2-58。

表2-58　不同沙棘优株抗性特性

序号	成活率/%	保存率/%	树体生长发育情况	病虫害危害情况	树体受伤情况	抗性评价
BT-01-27	90.25	83.50	良好	轻	个别小枝	较强
BT-02-01	80.25	71.25	一般	较轻	部分小枝	一般
BT-03-01	75.75	65.75	一般	较轻	部分小枝	一般
BT-04-01	87.75	84.50	良好	较轻	部分小枝	较强
BT-05-01	95.00	90.25	健壮	轻	个别小枝	强
BT-06-01	81.00	70.25	良好	较轻	部分小枝	较强
BT-06-04	91.75	87.50	健壮	轻	个别小枝	强
BT-06-05	90.5	73.00	一般	较轻	个别小枝	一般
BT-07-02	93.25	91.25	一般	较轻	部分小枝	一般
BT-08-01	78.25	58.75	弱	重	整株死亡	弱
BT-08-02	58.75	49.00	弱	重	整株死亡	弱
BT-09-01	80.50	71.25	一般	较轻	部分小枝	一般
BT-10-01	97.50	91.25	一般	较轻	部分小枝	一般
BT-11-01	74.25	60.75	较弱	较重	整枝受伤	一般
BT-12-01	91.00	86.25	健壮	轻	个别小枝	强
HH-01-01	89.75	85.25	良好	轻	个别小枝	强
HH-02-01	89.25	65.75	一般	较轻	部分小枝	一般
HH-02-02	83.25	75.75	一般	较轻	部分小枝	一般
HH-03-01	90.25	85.75	健壮	轻	个别小枝	强
HH-04-01	87.75	83.25	健壮	轻	个别小枝	强
HH-05-01	90.75	84.25	良好	较轻	部分小枝	较强

序号	成活率/%	保存率/%	树体生长发育情况	病虫害危害情况	树体受伤情况	抗性评价
HH-06-01	81.75	78.25	一般	较轻	部分小枝	一般
HH-07-01	81.50	79.50	一般	较轻	部分小枝	一般
HH-08-01	70.25	62.75	较弱	较重	整枝受伤	较弱
HH-08-02	93.75	88.25	良好	轻	个别小枝	较强
HT-01-01	78.75	65.25	一般	较轻	部分小枝	一般
HK-01-01	55.50	50.25	较弱	重	整株死亡	弱
HK-02-01	59.75	53.75	较弱	重	整株死亡	弱
HK-03-01	67.25	56.75	较弱	较重	整枝受伤	较弱
深秋红（CK）	91.25	87.25	健壮	较轻	个别小枝	强
XT-01（雄）	88.25	80.00	健壮	轻	个别小枝	强
阿列伊（CK）	89.00	80.75	健壮	轻	个别小枝	强

由表 2-58 可以看出，30 个优株和 2 个品种第一年移栽成活率在 55.50%～97.50%，其中成活率达到 90%以上的优选雌株有 11 个，分别为 BT-10-01、BT-05-01、HH-08-02、BT-07-02、BT-06-04、深秋红、BT-12-01、HH-05-01、BT-06-05、HH-03-01、BT-01-27。优选雄株 X-01 的成活率为 88.25%，略低于阿列伊的成活率。30 个优株和 2 个品种第四年的保存率在 49.00%～91.25%，其中保存率达到 85%以上的优选雌株有 9 个，分别为 BT-07-02、BT-10-01、BT-05-01、HH-08-02、BT-06-04、深秋红、BT-12-01、HH-03-01、HH-01-01。优选雄株 X-01 的保存率为 80%，略低于阿列伊的保存率。在实际观察中也发现，成活率、保存率较高的品种其树势较旺，整体生长发育情况较好，病虫害危害较轻，只有个别小枝断裂受伤。优选单株选自阿勒泰当地的野生种，经过长期的自然选择，其本身已适应当地的气候生长条件，因此，在青河栽种的这些优选株的适应性、抗逆性和耐瘠薄能力都强，总体生长较好。

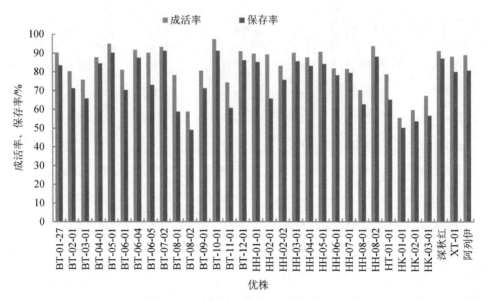

图 2-67　不同优株成活率和保存率

（4）29 个优选雌株果实产量的特性

将优选雌株栽植到青河县试验林内，对 4 年生优选雌株进行单株果实产量和亩产量测定，结果见表 2-59。

表 2-59　29 个沙棘优株单株产量和亩产量比较

序号	单株产量/ （kg/株）	亩产量/ （kg/亩）	序号	单株产量/ （kg/株）	亩产量/ （kg/亩）
BT-01-27	2.41	265.1	HH-01-01	3.71	368.1
BT-02-01	3.42	276.2	HH-02-01	2.74	301.4
BT-03-01	3.69	305.9	HH-02-02	3.37	370.7
BT-04-01	2.62	288.2	HH-03-01	3.56	391.6
BT-05-01	3.49	343.9	HH-04-01	3.39	372.9
BT-06-01	3.31	364.1	HH-05-01	1.84	202.4
BT-06-04	3.52	357.2	HH-06-01	3.24	356.4
BT-06-05	3.59	360.9	HH-07-01	3.02	332.2

序号	单株产量/ （kg/株）	亩产量/ （kg/亩）	序号	单株产量/ （kg/株）	亩产量/ （kg/亩）
BT-07-02	3.61	377.1	HH-08-01	1.72	189.2
BT-08-01	2.08	228.8	HH-08-02	2.28	250.8
BT-08-02	2.53	278.3	HT-01-01	2.32	255.2
BT-09-01	3.27	359.7	HK-01-01	2.12	233.2
BT-10-01	2.88	316.8	HK-02-01	2.98	327.8
BT-11-01	3.73	379.3	HK-03-01	2.81	309.1
BT-12-01	3.76	380.6	深秋红（CK）	3.41	375.1

单株产量和亩产量是衡量沙棘果树丰产性状的重要指标，由表 2-59 可以看出，29 个优选雌株单株平均产量在 1.72～3.76 kg/株。各优株间单株产量存在较大差异，其中高于 3.0 kg/株的有 17 个优株，排在前 10 位的依次为 BT-12-01、BT-11-01、HH-01-01、BT-03-01、BT-07-02、BT-06-05、HH-03-01、BT-06-04、BT-05-01、深秋红（图 2-68）。

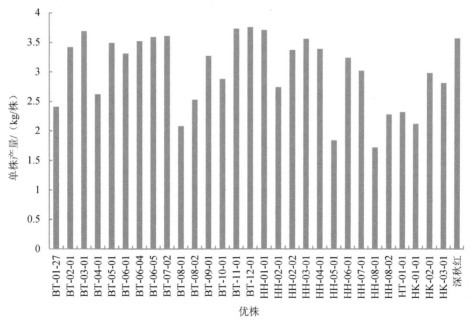

图 2-68 不同优株单株产量

由表 2-59 可以看出，29 个优株亩产在 189.2～391.6 kg/亩。第四年产量超过 300 kg/亩的除对照深秋红外还有 19 个优株。深秋红第四年产量达到 375.1 kg/亩，超过对照深秋红产量的有 3 个优株：HH-03-01、BT-12-01 和 BT-07-02，亩产量分别为 391.6 kg/亩、380.6 kg/亩、377.1 kg/亩，产量较高。不同优株亩产量对比见图 2-69。

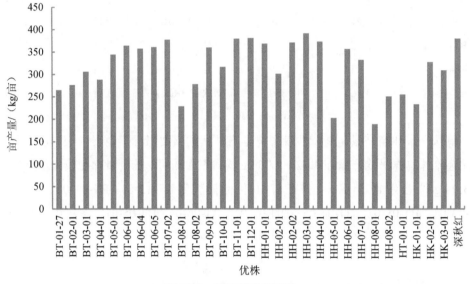

图 2-69　不同优株亩产量

我们在选择沙棘优良单株时，选择标准应突出经济性状及与经济性状密切相关的其他性状。因此，针对上述测定的树高、冠幅、地径、新梢生长量、叶片长宽、10 cm 枝条棘刺数、叶片数、果实百粒重、果实纵横径、种子千粒重、单株产量等指标，我们进行了综合分析，主要以适应性、棘刺数、产量为主要评价指标，采用 AMMI 模型对优株进行了显著性检验分析，最终筛选出 4 个表型较好的优良雌株：HH-03-01、BT-06-04、BT-12-01、BT-05-01，依次命名新棘 1 号、新棘 2 号、新棘 3 号、新棘 4 号。筛选出 1 个雄株 XT-01，命名为新棘 5 号，并对筛选出来的 5 个良种进行多点栽培试验并予以推广。其余优选雌株作为种植资源保存在青河县大果沙棘良种基地种植资源库中，继续观察其生长性状，为进一步选择优株或是改良沙棘性状、进行杂交育种提供亲本。

2.3.2.3　决选出的 5 个沙棘优株性状总结

综上分析，对筛选出的 5 个良种性状总结如下。

（1）新棘1号

除具有沙棘品种的基本特性外，还表现为结实量大，棘刺少，抗逆性强，耐贫瘠、耐盐碱，萌蘖力强。4年生株高2.42 m，地径4.81 cm，冠幅2.38 m，新梢生长量19.6 cm。树干及老枝褐色，枝条开张度中等；无刺或具少量长棘刺。叶披针形，叶面绿色，叶背面灰白色，叶片长5.53 cm、宽0.576 cm，10 cm枝叶片数18.25个。果实橘黄色，椭圆形，两端有小红晕，百果重65 g，果实纵径1.206 cm，果实横径0.966 cm，汁多爽口，口感略甜后味稍涩。种子长卵形，种子千粒重21.44 g，种子长度0.726 cm、宽度0.315 cm、厚度0.219 cm。当年生植株成活率90.25%，4年生植株保存率85.75%，植株长势健壮。果实一般在9月中旬成熟，4年生植株单株产量3.56 kg。新棘1号最重要的特性是种子大、含油量高，是一种提取籽油的好品种，籽油的价格远高于果油，市场前景广阔（图2-70）。

图2-70　新棘1号

（2）新棘2号

除具有沙棘品种的基本特性外，还表现为坐果率高，棘刺少，结实年限长，耐贫瘠、耐盐碱，萌蘖力强，抗病虫害能力强。新棘2号4年生株高2.4 m，地径5.19 cm，冠幅2.2 m，新梢生长量18.2 cm。树干及老枝呈现灰色，幼枝有银白色鳞片，开张度大；树干少量长棘刺。叶剑形，叶面绿色稍带银白色，叶背面具有银白色鳞片，叶片长5.326 cm、宽0.608 cm，10 cm枝叶片数17.5个。果柄长0.4～0.6 mm，脱落、成熟果实橘黄色，果实黄色，圆形，百果重70.5 g，果实纵径1.138 cm，果实横径1.108 cm，汁多爽口，口感略甜后味稍涩。种子椭圆形,种子千粒重 18.21 g,种子长度 0.606 cm、宽度 0.282 cm、厚度 0.205 cm。当年生植株成活率 91.75%,4 年生植株保存率 87.50%,植株长势健壮。果实一般在 9 月中旬成熟,4 年生植株单株产量 3.52 kg。新棘 2 号良种果实的口感优于其他品种,可直接鲜食和制干,是非常好的鲜食品种(图 2-71)。

图 2-71　新棘 2 号

(3)新棘 3 号

除具有沙棘品种的基本特性外,还表现为耐贫瘠,萌蘖力极强,结实量大,棘刺少且软,果柄长、果皮厚,果实饱满、颜色艳丽、大小均匀,抗逆性强,生长势强。新棘 3 号 4 年生株高 2.9 m,地径 6.31 cm,冠幅 2.57 m,新梢生长量 21.6 cm。树干及枝条红褐色,开张度大;树干少量长棘刺。叶披针形,叶面灰绿色、带银白色鳞片,叶背面灰白色、具有银色鳞片,叶片长 7.91 cm、宽 0.862 cm,10 cm 枝叶片数 19.75 个。叶果柄长 0.5~0.7 cm,果实鲜红色,椭圆形,汁多爽口,口感略甜后味稍涩,百果重 84.4 g,果实纵径 1.33 cm,果实横径 1.064 cm,种子长卵形,种子千粒重 18.91 g,种子长度 0.651 cm、宽度 0.291 cm、厚度 0.191 cm。当年生植株成活率 91%,4 年生植株保存率 86.25%,植株长势健壮。果实中晚熟,一般在 9 月中旬左右成熟,4 年生植株单株产量 3.76 kg。新棘 3 号良种是个芽变品种,品质较好,果实为红色,既可用作鲜食也可用作观赏(图 2-72)。

图 2-72 新棘 3 号

（4）新棘 4 号

除具有沙棘品种的基本特性外，还表现为结实量非常大，丰产几乎不分大小年，棘刺少或无，生长旺，耐贫瘠、耐盐碱，抗逆性强，萌蘖力强，生长势强。新棘 4 号 4 年生株高 3 m，地径 6.82 cm，冠幅 2.9 m，新梢生长量 23.6 cm。树干及枝条褐色，枝条开张度大，树干少量长棘刺。叶披针形，叶面绿色，叶背面灰色。叶片长 3.746 cm、宽 0.598 cm，10 cm 枝叶片数 20.75 个，果柄长 0.6～0.8 cm。成熟果实橙黄色，圆柱形，汁多爽口，口感略甜，百果重 57.62 g，果实纵径 1.564 cm，果实横径 0.908 cm，种子长卵形，种子千粒重 16.24 g，种子长度 0.559 cm、宽度 0.262 cm、厚度 0.192 cm。当年生植株成活率 95%，4 年生植株保存率 90.25%，植株长势健壮。果实中晚熟，一般 9 月上旬成熟，坐果部位很少在主干上，果皮厚，易采收，对树体的伤害小，4 年生植株单株产量 3.49 kg。新棘 4 号果实果粒大，种子小，含汁量高，口感偏甜，是加工果汁的好品种（图 2-73）。

（5）新棘 5 号

从阿勒泰地区的野生沙棘林中选育出的优良雄株之一，其主要特性：无刺或少刺，生长旺盛，树体高大。4 年生植株株高 2.04 m，地径 3.87 cm，冠幅 2 m，新梢生长量 17.3 cm。树干及枝条粗大、褐色，枝条开张度大，树干少量长棘刺。叶披针形，叶面绿色，叶背面灰色，叶片长 7.356 cm，宽 0.873 cm，10 cm 枝叶片数 20.25 个。在阿勒泰青河县 5 月 1 日前后开花，花芽饱满，花朵密集，个头较大，花抗寒，花粉量大。当年生植株成活率达 88.25%，4 年生植株保存率达 80%，植株长势健壮，抗病虫害能力、抗逆性强。作为授粉树，可与青河当地主栽品种阿列伊媲美，可作为阿列伊的替代品种（图 2-74）。

图 2-73 新棘 4 号

图 2-74 新棘 5 号

2.3.3　筛选的 5 个沙棘良种的经济学特性

为进一步确定我们优选的沙棘良种经济学特性，果实成熟时，于 2016 年 9 月的第一周，随机选取新棘 1～4 号树势健壮、生长一致的树体，在每株向南枝条的中间部位取果实 250 g，送新疆农业科学院分析检查中心进行果实营养成分的测试分析。测定指标为含油量、脂肪酸、果肉 VC 含量、含水量、总糖、总酸等性状指标，以青河县当地主栽品种深秋红、辽阜 1 号、辽阜 2 号为对照。

2.3.3.1　出油率分析

近年来随着我国及世界沙棘综合加工利用的进一步发展，依据工业生产需要，引种、培育富含沙棘油的优良品种和为企业提供准确、可靠、科学的加工原料定量数据，已成为目前沙棘产业的热点，而选择富含沙棘油的优质种源及确定其适宜的生长环境是其中的关键。为此，我们对新棘 1～4 号 4 个良种的鲜果、果汁、干果渣和种子进行了含油量测定，测定采用氯仿甲醇法，以青河县主栽品种深秋红、辽阜 1 号、辽阜 2 号为对照，结果见表 2-60、图 2-75。

表 2-60　沙棘良种含油量比较　　　　　　单位：%

良种	果汁含油量	干果渣含油量	种子含油量	鲜果含油量
新棘 1 号	2.68	20.54	21.73	4.73
新棘 2 号	3.74	23.03	10.83	5.84
新棘 3 号	2.06	27.02	9.17	4.96
新棘 4 号	1.79	19.69	9.76	3.52
深秋红	1.86	20.05	11.25	4.83
辽阜 1 号	2.13	25.76	13.67	5.22
辽阜 2 号	1.97	24.38	12.78	4.76

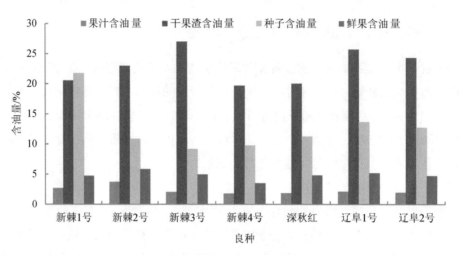

图 2-75　沙棘良种含油量比较

　　沙棘果实和种子是积累油脂的主要组织，由表 2-60 可以看出，4 个良种和 3 个对照品种的果汁、干果渣、种子和鲜果均含有一定量的沙棘油，不同的试材含油量存在较大的差异，其中果汁含油量在 1.79%～3.74%，干果渣含油量在 19.69%～27.02%，种子含油量在 9.17%～21.73%，鲜果含油量在 3.52%～5.84%。对其进行差异显著性分析，结果见表 2-61。

表 2-61　沙棘良种含油量差异显著性分析　　　　　　　　单位：%

良种	果汁含油量	干果渣含油量	种子含油量	鲜果含油量
新棘 1 号	2.68±0.05Bb	20.54±0.15Ee	21.73±0.02Aa	4.73±0.03Dc
新棘 2 号	3.74±0.07Aa	23.03±0.03Dd	10.83±0.03Ee	5.84±0.04Aa
新棘 3 号	2.06±0.03Ccd	27.02±0.04Aa	9.17±0.06Gg	4.96±0.07Cc
新棘 4 号	1.79±0.04Ee	19.69±0.04Ff	9.76±0.04Ff	3.52±0.03Ed
深秋红	1.86±0.02DEe	20.05±0.27Ee	11.25±0.02Dd	4.83±0.02Cc
辽阜 1 号	2.13±0.02Cc	25.76±0.03Bb	13.67±0.04Bb	5.22±0.04Bb
辽阜 2 号	1.97±0.03CDd	24.38±0.02Cc	12.78±0.05Cc	4.76±0.05Dc

注：小写字母不同表示差异显著（$p<0.05$），大写字母不同表示差异极显著（$p<0.01$）。

由表 2-61 可以看出，果汁含油量高于 3 个对照品种的是新棘 1 号和新棘 2 号，其中新棘 2 号达到了 3.74%，新棘 3 号与辽阜 1 号和辽阜 2 号差异不显著，新棘 4 号果汁含油量最少，仅有 1.77%。干果渣含油量在 4 个指标中含量最高，除新棘 4 号外均达到了 20% 以上，干果渣含油量高于 3 个对照品种的是新棘 3 号，达到了 27.02%。鲜果含油量方面，4 个良种与 3 个品种间也存在显著性差异，鲜果含油量高于 3 个对照品种的是新棘 2 号，达到了 5.84%。种子含油量中新棘 1 号为 21.73%，极显著高于其他的良种和品种，新棘 3 号种子含油量仅为 9.17%。目前，市场上籽油的价格远高于果油，市场前景广阔，新棘 1 号种子含油量极高，为此，我们优选新棘 1 号作为提取籽油的优良品种予以推广。

2.3.3.2 脂肪酸含量分析

沙棘中含有丰富的脂肪酸，而脂肪酸是衡量油脂品质及生物活性大小的重要依据，并且具有重要的药用价值。我们主要采用气相色谱法测定了 4 个良种和 3 个对照品种的脂肪酸含量，即月桂酸、肉豆蔻酸、棕榈酸、硬脂酸、油酸、亚油酸、亚麻酸、花生酸、芥酸占总脂肪酸的百分比，实际检测中未检出月桂酸和芥酸。测定依据为 GB/T 17377—2008，测定结果见表 2-62。

表 2-62　沙棘种子及果肉中脂肪酸含量　　　　　　单位：%

测定部位	良种名称	肉豆蔻酸	棕榈酸	硬脂酸	花生酸	饱和脂肪酸总量	油酸	亚油酸	亚麻酸	不饱和脂肪酸总量	其他
种子	新棘 1 号	0.1	6.4	2.8	0.5	9.8	42.2	30	16.4	88.6	1.6
	新棘 2 号	0.1	7.5	2.5	0.4	10.5	23.7	41.4	20.4	85.5	4.0
	新棘 3 号	未检出	5.9	3.0	0.4	9.3	14.9	38	35.4	88.3	2.4
	新棘 4 号	0.1	10.5	2.3	0.4	13.3	13.5	38.3	26.2	78.0	8.7
	深秋红	0.2	13.0	2.5	0.5	16.2	10.6	34.6	20.8	66.0	17.8
	辽阜 1 号	0.1	8.0	2.9	0.5	11.5	16.0	33.9	34.2	84.1	4.4
	辽阜 2 号	0.2	11.6	2.6	0.5	14.9	17.2	35.2	25.4	77.8	7.3
果肉	新棘 1 号	未检出	24.3	1.3	0.07	25.67	27.4	9.8	1.7	38.9	35.43
	新棘 2 号	未检出	30.2	1.7	0.06	31.96	29.6	5.9	1.6	37.1	30.94
	新棘 3 号	未检出	26.5	1.5	0.05	28.05	26.5	7.4	1.5	35.4	36.55

测定部位	良种名称	肉豆蔻酸	棕榈酸	硬脂酸	花生酸	饱和脂肪酸总量	油酸	亚油酸	亚麻酸	不饱和脂肪酸总量	其他
果肉	新棘4号	未检出	29.8	0.4	0.12	30.32	27.4	5.5	2.1	35.0	34.68
	深秋红	未检出	24.8	1.1	0.09	25.99	21.7	10.1	1.9	33.7	40.31
	辽阜1号	未检出	27.6	0.9	0.08	28.58	22.8	7.9	2.0	32.7	38.72
	辽阜2号	未检出	24.5	0.8	0.06	25.36	23.6	9.8	1.8	35.2	39.44

由表 2-62 可以看出，4 个良种、3 个品种的种子和果肉中均检测出含有脂肪酸，且含量较高。种子的饱和脂肪酸包括肉豆蔻酸、棕榈酸、硬脂酸和花生酸，总量在 9.3%～16.2%。其中，肉豆蔻酸含量较低，仅有 0.1%～0.2%，棕榈酸含量在 5.9%～11.6%，硬脂酸在 2.3%～3%，花生酸在 0.4%～0.5%。新棘 3 号未检测出肉豆蔻酸。种子的不饱和脂肪酸包括油酸、亚油酸和亚麻酸，总量在 66%～88.6%，其中油酸含量在 10.6%～42.2%，亚油酸含量在 30%～41.4%，亚麻酸含量在 16.4%～35.4%。果肉的饱和脂肪酸包括棕榈酸、硬脂酸和花生酸，未检测出肉豆蔻酸，总量在 25.36%～31.96%，其中棕榈酸含量在 24.3%～30.2%，硬脂酸在 0.4%～1.7%，花生酸含量在 0.05%～0.12%，果肉的不饱和脂肪酸总量在 32.7%～38.9%，其中油酸含量在 21.7%～29.6%，亚油酸含量在 5.5%～10.1%，亚麻酸含量在 1.5%～2.1%。据报道，果肉的不饱和脂肪酸主要在棕榈油酸中，此次我们未测定棕榈油酸，所以造成测定的果肉不饱和脂肪酸总量偏低。

由图 2-76 可以看出，在所有类型的种子和果肉中不饱和脂肪酸均高于饱和脂肪酸含量，种子中 4 个良种的不饱和脂肪酸含量从高到低依次为新棘 1 号、新棘 3 号、新棘 2 号、新棘 4 号，果肉中不饱和脂肪酸含量从高到低依次为新棘 1 号、新棘 2 号，新棘 3 号、新棘 4 号。新棘 1 号种子和果肉中的不饱和脂肪酸总量均为最高。不饱和脂肪酸具有软化血管、防止动脉粥样硬化之功效，而且高含量的不饱和脂肪酸与沙棘油的生物活性密切相关。

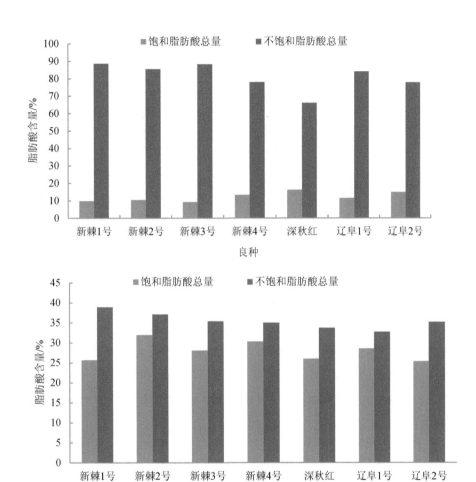

图 2-76　种子和果肉中脂肪酸含量

由图 2-77 可以看出，种子中饱和脂肪酸中的棕榈酸含量远高于硬脂酸含量，其中含量最高的是对照品种深秋红，达到了 13%，新棘 1 号、新棘 2 号和新棘 3 号的棕榈酸含量均低于 3 个对照品种。各样品的硬脂酸含量均较低，在硬脂酸中含量最高的是新棘 3 号，达到了 3.0%，其次为辽阜 1 号，为 2.9%。各样品不饱和脂肪酸中油酸、亚油酸、亚麻酸含量均较高，其中种子中油酸含量最高的是新棘 1 号，为 42.2%，远远高于其余良种和品种；亚油酸含量最高的是新棘 2 号，达到了 41.4%；亚麻酸含量最高的是新棘 3 号，为 35.4%。

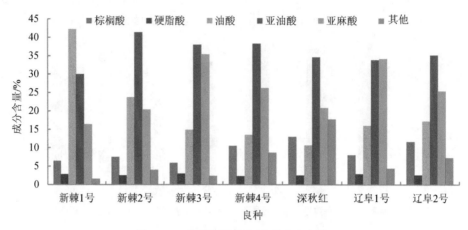

图 2-77　种子脂肪酸各组成成分含量

由图 2-78 可以看出，果肉中饱和脂肪酸中的棕榈酸含量也是远高于硬脂酸含量，其中含量最高的是良种新棘 2 号，达到了 30.2%，其次是新棘 4 号，为 29.8%。各品种的硬脂酸含量均较低，含量最高的是新棘 2 号，为 1.7%，含量最低的是新棘 4 号，为 0.4%。各品种不饱和脂肪酸中的油酸含量明显高于亚油酸和亚麻酸，含量最高的是新棘 2 号，达到了 29.6%。亚油酸含量最高的是对照品种深秋红，为 10.1%。亚麻酸含量最高的是新棘 4 号，为 2.1%。

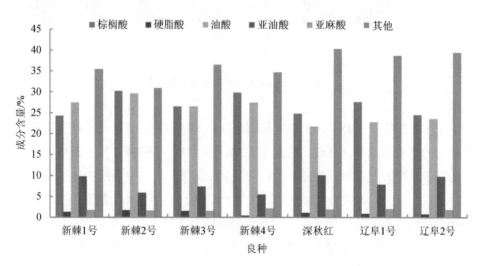

图 2-78　果肉中脂肪酸各组成成分含量

由表 2-63 可以看出，饱和脂肪酸中，果肉中的棕榈酸含量高于种子中的棕榈酸含量，存在显著差异。种子中的硬脂酸、花生酸含量高于果肉中的含量，与果肉中的含量相比存在显著差异。不饱和脂肪酸中的油酸在果肉和种子中差异不显著，且含量均较高。种子中的亚油酸和亚麻酸含量显著高于果肉中的含量。从表 2-63 可知，种子中含量较高的饱和脂肪酸为棕榈酸，含量较高的不饱和脂肪酸是亚油酸，其次是亚麻酸。这后两种酸被认为对治疗皮肤病有重要作用。果肉中含量较高的饱和脂肪酸为棕榈酸，不饱和脂肪酸含量较高的是油酸，其次是亚油酸。

表 2-63　不同部位各脂肪酸之间的差异　　　单位：%

测定部位	棕榈酸	硬脂酸	花生酸	饱和脂肪酸总量	其他	油酸	亚油酸	亚麻酸	不饱和脂肪酸总量
果肉	26.81±0.94	1.10±0.17	0.08±0.01	27.99±0.95	36.58±1.23	25.57±1.09	8.06±0.72	1.8±0.08	35.43±0.78
种子	8.98±1.93	2.65±0.09	0.46±0.02	12.21±1	6.6±2.1	19.73±10.70	35.91±1.39	25.54±2.7	81.19±3.03

2.3.3.3　粗脂肪、粗蛋白、可溶性固形物及灰分分析

对 4 个良种和 3 个对照品种的果实、种子和叶片进行粗脂肪、粗蛋白和灰分测定，对新棘 5 号和对照阿列伊的叶片进行测定，测定依据 GB 5009.5—2010。粗脂肪采用索氏提取法，测定依据 GB/T 5009.6—2003。灰分的测定采用重量法，测定依据 GB 5009.4—2010，结果见表 2-64。

表 2-64　沙棘良种粗脂肪、蛋白质、灰分测定　　　单位：%

测定部位	良种	粗脂肪	粗蛋白	灰分
果实	新棘 1 号	3.6	1.88	0.5
	新棘 2 号	5.4	2.27	0.6
	新棘 3 号	4.8	1.14	0.4
	新棘 4 号	1.6	1.46	0.5
	深秋红	3.6	2.12	0.5
	辽阜 1 号	2.0	1.62	0.5
	辽阜 2 号	3.2	1.54	0.4

测定部位	良种	粗脂肪	粗蛋白	灰分
种子	新棘 1 号	10.6	23.56	5.79
	新棘 2 号	11.5	25.97	6.48
	新棘 3 号	10.7	22.86	5.42
	新棘 4 号	8.9	23.56	4.98
	深秋红	9.96	21.69	6.36
	辽阜 1 号	10.4	20.73	5.87
	辽阜 2 号	9.7	22.97	6.03
叶片	新棘 1 号	4.7	13.5	5.5
	新棘 2 号	6.2	15.4	7.4
	新棘 3 号	5.1	14.3	5.2
	新棘 4 号	4.9	15.6	6.7
	深秋红	5.1	19.4	6.3
	辽阜 1 号	5.8	13.7	5.9
	辽阜 2 号	5.4	11.2	6.2
	新棘 5 号	5.9	17.9	6.6
	阿列伊	5.6	18.2	7.0

由表 2-64 可以看出，4 个沙棘良种中，果实粗脂肪含量在 1.6%～5.4%，超过 3 个对照品种的是新棘 2 号和新棘 3 号，含量分别是 5.4% 和 4.8%；新棘 1 号与对照品种深秋红的粗脂肪含量同为 3.6%，高于其他 2 个对照；含量最少的是新棘 4 号，仅有 1.6%。种子中粗脂肪含量在 8.9%～11.5%，超过 3 个对照品种的是新棘 1 号、新棘 2 号和新棘 3 号，含量分别是 10.6%、11.5% 和 10.7%；含量最少的是新棘 4 号，为 8.9%。叶片中粗脂肪含量在 4.7%～6.2%，超过 3 个对照品种的是新棘 2 号，为 6.2%，其次为辽阜 1 号，为 5.8%，含量最少的是新棘 1 号，为 4.7%。由图 2-79 可以看出，种子中的粗脂肪含量高于叶片中的，叶片中的粗脂肪含量高于果实中的。

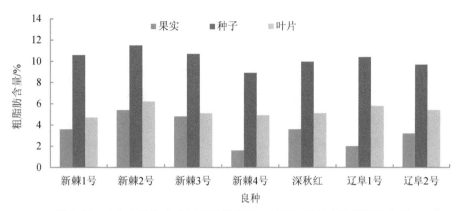

图 2-79　4 个良种和 3 个对照沙棘果实、种子和叶片中的粗脂肪含量

　　由表 2-64 和图 2-80 可以看出，4 个沙棘良种中，粗蛋白含量在种子和果实中存在较大差异，种子中的含量远远高于果实中的含量。果实中粗蛋白含量在 1.14%～2.27%，超过 3 个对照品种的是新棘 2 号，为 2.27%，含量最少的是新棘 3 号，为 1.14%。种子中，4 个沙棘良种和 3 个对照品种粗蛋白含量差异较小，粗蛋白含量在 20.73%～25.97%，超过 3 个对照品种的是新棘 1 号、新棘 2 号和新棘 4 号，含量分别是 23.56%、25.97% 和 23.56%，含量最少的是辽阜 1 号，为 20.73%。叶片中粗蛋白含量在 11.2%～19.4%，含量最高的是深秋红，为 19.4%，其次为新棘 4 号，为 15.6%，含量最少的是辽阜 2 号，为 11.2%。粗蛋白在种子中含量最高，其次为叶片，含量最低的是果实。

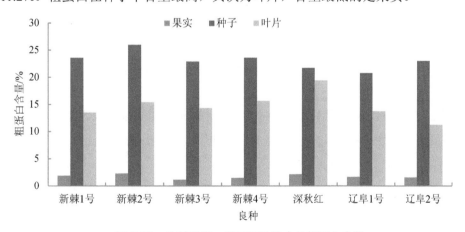

图 2-80　沙棘果实、种子和叶片中的粗蛋白含量

将烘干的沙棘果实和种子在 600℃下灼烧，对残留的白色残烬进行称量。灰分中含有大量的矿物质元素，以氧化物、硫酸盐、磷酸盐、硅酸盐等形式存在于灰分中。由表 2-64 和图 2-81 可以看出，4 个沙棘良种和 3 个对照品种种子中的灰分含量远远高于果实中的含量。各品种果实中灰分含量在 0.4%～0.6%，差异极小，最高的是新棘 2 号，为 0.6%。种子中灰分含量在 4.98%～6.48%，超过 3 个对照品种的是新棘 2 号；含量在 6% 以上的有 3 个，新棘 2 号、深秋红和辽阜 2 号，依次为 6.48%、6.36% 和 6.03%。叶片中灰分含量在 5.2%～7.4%，含量高于 3 个对照品种的是新棘 2 号和新棘 4 号，分别是 7.4% 和 6.7%。

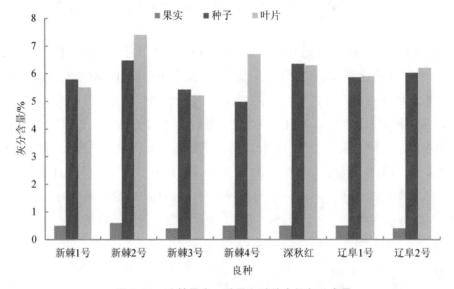

图 2-81　沙棘果实、种子和叶片中的灰分含量

　　由图 2-82 比较新棘 5 号和阿列伊叶片的三个成分含量可以看出，新棘 5 号的粗脂肪含量略高于阿列伊，粗蛋白和灰分略低于阿列伊，差异不显著。

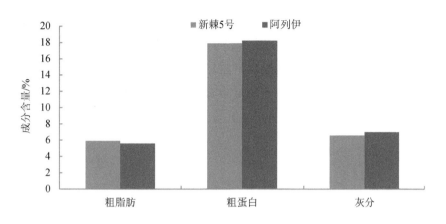

图 2-82　新棘 5 号和阿列伊叶片中的粗脂肪等含量

由表 2-65 可以看出，粗脂肪含量在果实、叶片和种子中存在极显著的差异，在种子中含量最高，平均含量为 10.25%，果实中含量最低，平均为 3.46%。粗蛋白含量在果实、叶片和种子中也存在极显著的差异，种子中含量最高，平均值达到了 23.04%，果实中含量极低，仅有 1.72%。灰分含量在种子和叶片中差异不显著，平均值分别为 5.85% 和 6.17%，二者与果实之间差异极显著，果实中灰分含量仅有 0.49%。综合分析 4 个良种和 3 个对照品种发现，新棘 2 号在粗脂肪、粗蛋白、灰分测定指标中，含量均高于其他样品，可以说其干物质含量较高，为此，我们将新棘 2 号作为加工良种予以育种、推广。

表 2-65　果实、叶片和种子中粗脂肪等含量差异性分析　　　单位：%

测定部位	粗脂肪	粗蛋白	灰分
果实	3.457 1±0.51c	1.718 6±0.15c	0.485 7±0.03b
叶片	5.314 3±0.19b	14.728 6±0.95b	6.171 4±0.28a
种子	10.251 4±0.31a	23.04±0.62a	5.847 1±0.2a

2.3.3.4　氨基酸含量分析

沙棘蛋白质中的氨基酸种类齐全，包含人体必需的全部氨基酸。沙棘果肉蛋白的主要组成为球蛋白和白蛋白，还含有大量的非蛋白氮。果汁中非蛋白氮的主要组成为游离氨基酸。沙棘种子中有 13 种氨基酸，果肉和果汁中有 17 种，其中包括人体必需的 8 种。我们对 4 个沙棘良种和 3 个对照品种的果实进行了氨基酸含量的测定，对雄株新棘 5 号和对照品种阿列伊的叶片进行了氨基酸含量测定。测定采用氨基酸自动分析仪（日立835-50），测定依据为 GB/T 5009.124—2003 食品中氨基酸的测定。

由表 2-66 可以看出，沙棘果实和叶片中均含有氨基酸，且氨基酸种类较多，测出了 17 种。

表 2-66　沙棘良种氨基酸含量分析　　　　　　　　　单位：%

氨基酸	雌株果实含量							雄株叶片含量	
	新棘1号	新棘2号	新棘3号	新棘4号	深秋红	辽阜1号	辽阜2号	新棘5号	阿列伊
天冬氨酸	0.28	0.35	0.38	0.34	0.40	0.52	0.40	2.36	1.98
苏氨酸	0.056	0.072	0.065	0.058	0.058	0.068	0.052	0.70	0.67
丝氨酸	0.081	0.12	0.10	0.075	0.086	0.093	0.078	0.74	0.64
谷氨酸	0.32	0.40	0.39	0.28	0.35	0.30	0.31	1.76	1.63
甘氨酸	0.076	0.091	0.092	0.062	0.078	0.080	0.072	0.88	0.83
丙氨酸	0.067	0.078	0.10	0.054	0.068	0.078	0.064	0.91	0.84
胱氨酸	0.030	0.038	0.017	0.030	0.032	0.045	0.038	0.13	0.12
缬氨酸	0.086	0.10	0.11	0.077	0.090	0.094	0.090	0.97	0.88
甲硫氨酸	0.006	0.011	0.008	0.008	0.010	0.011	0.014	0.12	0.063
异亮氨酸	0.068	0.081	0.081	0.062	0.072	0.074	0.065	0.76	0.72
亮氨酸	0.12	0.14	0.14	0.10	0.12	0.12	0.12	1.28	1.18
酪氨酸	0.070	0.076	0.076	0.057	0.066	0.062	0.052	0.69	0.64
苯丙氨酸	0.11	0.14	0.17	0.086	0.11	0.11	0.10	1.01	0.94
组氨酸	0.060	0.076	0.059	0.059	0.066	0.064	0.056	0.48	0.47
赖氨酸	0.098	0.13	0.10	0.10	0.099	0.12	0.094	1.08	1.06
精氨酸	0.18	0.24	0.22	0.14	0.18	0.18	0.15	0.80	0.73
脯氨酸	0.079	0.12	0.081	0.058	0.075	0.12	0.13	0.80	0.70
总量	1.79	2.26	2.19	1.65	1.96	2.14	1.88	15.5	14.1

由图 2-83 可以看出，4 个优良雌株和 3 个对照品种果实测定氨基酸总量范围在 1.65%～2.26%，其中含量最高的是新棘 2 号，为 2.26%，其他依次为新棘 3 号、辽阜 1 号、深秋红、辽阜 2 号、新棘 1 号、新棘 4 号。新棘 5 号叶片氨基酸总量为 15.5%，阿列伊为 14.1%，二者之间差异不明显。

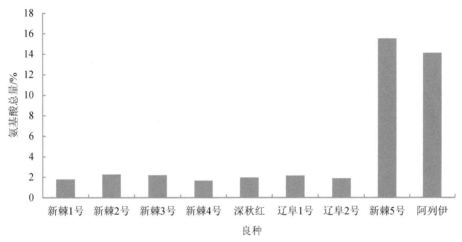

图 2-83　沙棘良种及对照品种氨基酸总量比较

2.3.3.5　含水量、总糖、总酸含量分析

沙棘果实皮薄汁多，含水量较高，果实中的糖分主要是葡萄糖和果糖，果实的含糖量对果汁的糖酸比有很大的影响。果实中含有苹果酸、柠檬酸、酒石酸、草酸等多种天然有机酸类。我们对 4 个良种的果实进行了含水量、总糖和总酸测定，含水量采用重量法，依据 GB 5009.3—2010 食品中水分的测定；总糖含量采用裴林试剂法，依据 GB/T 5009.8—2008 食品中总酸的测定；总酸采用纸层析法，依据 GB/T 12456—2008 食品中总酸的测定。结果见表 2-67。

由表 2-67 和图 2-84 可以看出，鲜果含水量差异较大，4 个良种和 3 个对照品种的含水量在 78.7%～84.3%，超过 3 个对照品种的是新棘 3 号和新棘 4 号，分别是 83.6% 和 84.3%。种子含水量在 9.54%～11.4%，差异较小，含水量 4 个良种的种子含水量差异不大，除了新棘 3 号，其他均超过了 3 个对照品种，其中含水量最高的是新棘 1 号，为 11.4%；含水量最低的是辽阜 1 号，为 9.54%。

表2-67　沙棘良种含水量、总糖、总酸比较

良种	含水量/%		总糖/%	总酸/（mg/100 g）
	鲜果	种子		
新棘1号	82.6	11.4	4.1	19.67
新棘2号	80.4	11	3.4	13.15
新棘3号	83.6	10.6	6.7	16.48
新棘4号	84.3	10.9	7.2	9.44
深秋红	82.4	10.3	3.1	20.38
辽阜1号	78.7	9.54	3.9	17.8
辽阜2号	83	10.7	3.7	19.85

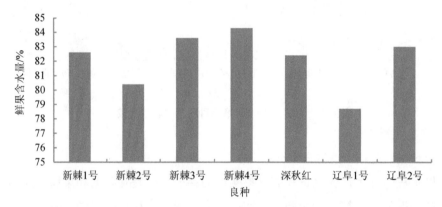

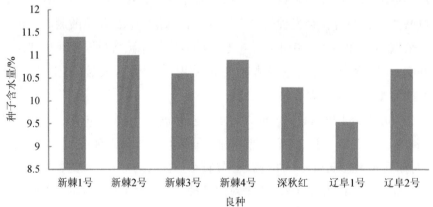

图2-84　鲜果与种子含水量比较

由表 2-67 和图 2-85 可以看出，沙棘果实总糖含量差异较大，在 3.1%~7.2%。含糖量超过 3 个对照品种的是新棘 1 号、新棘 3 号和新棘 4 号，分别为 4.1%、6.7% 和 7.2%。在制造沙棘饮料时，果汁含糖量越高，加入的糖量就越少，成本也就越低。

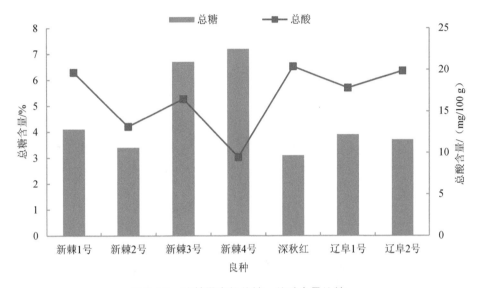

图 2-85　沙棘果实的总糖、总酸含量比较

沙棘果实的有机酸含量高是其突出特点之一，经检测，4 个沙棘良种和 3 个对照品种的总酸含量在 9.44~20.38 mg/100 g，由高到低依次为深秋红、辽阜 2 号、新棘 1 号、辽阜 1 号、新棘 3 号、新棘 2 号、新棘 4 号。在总酸含量高的情况下，制造果汁饮料时，为了调配合适的糖酸比，就需要加糖并加水稀释到合适的浓度。

由表 2-68 可以看出，新棘 4 号鲜果含水量最高，与新棘 2 号和辽阜 1 号存在显著性差异，与其他良种间差异不显著。新棘 4 号种子含水量较高，与含水量最高的新棘 1 号间差异不显著。新棘 4 号总糖含量最高，与新棘 3 号之间差异不显著，与其余良种和品种间存在显著性差异。新棘 4 号在总酸含量上最低，与所有良种和品种间均存在显著性差异。综合分析认为，新棘 4 号汁多、含糖量高、含酸量低，适宜用作加工果汁的优良品种，我们优选出来准备予以推广。

表 2-68　各良种间含水量、总糖、总酸差异性分析

良种	含水量/%		总糖/%	总酸/（mg/100 g）
	鲜果	种子		
新棘 1 号	82.6±0.56a	11.4±0.47a	4.1±0.17b	19.67±0.55a
新棘 2 号	80.4±0.73b	11±0.31a	3.4±0.15cd	13.15±0.12d
新棘 3 号	83.6±0.68a	10.6±0.36ab	6.7±0.19a	16.48±0.12c
新棘 4 号	84.3±0.61a	10.9±0.23a	7.2±0.22a	9.44±0.09e
深秋红	82.4±0.60a	10.3±0.29bc	3.1±0.20d	20.38±0.11a
辽阜 1 号	78.7±0.61b	9.5±0.24c	3.9±0.25bc	17.8±0.22b
辽阜 2 号	83±0.41a	10.7±0.23ab	3.7±0.19bcd	19.85±0.11a

2.3.3.6　总黄酮含量分析

　　沙棘果实和叶片中含有丰富的黄酮类成分，已被鉴定的有：槲皮素、异鼠李素、山奈酚及苷类、杨梅酮、氯原酸等。据报道，沙棘黄酮类和其他分类化合物可增强人体的耐受性，减少毛细血管壁的渗透性，而且还能把被氧化的 VC 重新还原过来。这些物质还具有抑制动脉粥样硬化的发展、降低血胆固醇水平、使甲状腺功能亢进恢复正常的功效，也有抗炎症的作用。我们主要测定了沙棘 4 个良种和 3 个品种的槲皮素、山奈酚和异鼠李素三个指标，测定了总黄酮的含量。测定方法主要采用高效液相色谱法，结果见表 2-69。

表 2-69　各良种间黄酮比较　　　　　　　　　　单位：mg/100 g

测定部位	良种	槲皮素	山奈酚	异鼠李素	总黄酮
果实	新棘 1 号	18.97	4.02	9.43	32.42
	新棘 2 号	21.38	4.58	11.62	37.58
	新棘 3 号	18.76	3.97	7.71	30.44
	新棘 4 号	6.97	2.75	3.84	13.56
	深秋红	9.42	3.86	6.98	20.26
	辽阜 1 号	1.82	1.31	0.78	3.91
	辽阜 2 号	2.34	1.03	0.75	4.12

测定部位	良种	槲皮素	山奈酚	异鼠李素	总黄酮
叶片	新棘 1 号	1 438.6	295.8	503.9	2 238.3
	新棘 2 号	2 016.7	498.4	613.7	3 128.8
	新棘 3 号	1 558.9	312.4	486.5	2 357.8
	新棘 4 号	1 769.3	315.6	589.4	2 674.3
	深秋红	1 986.3	371.2	645.3	3 002.8
	辽阜 1 号	1 459.8	219	491.8	2 170.6
	辽阜 2 号	1 554.8	343.3	355.4	2 253.5
种子	新棘 1 号	121.71	54.21	32.74	208.66
	新棘 2 号	130.63	65.69	54.28	250.6
	新棘 3 号	98.74	32.82	59.63	191.19
	新棘 4 号	101.36	49.64	70.72	221.72
	深秋红	100.32	42.41	69.06	211.79
	辽阜 1 号	118.41	37.45	58.42	214.28
	辽阜 2 号	108.66	48.62	49.53	206.81

由表 2-69 可以看出，在沙棘果实、叶片和种子中均含有槲皮素、山奈酚和异鼠李素，总黄酮含量较高。果实中总黄酮含量在 3.91～37.58 mg/100 g，其中槲皮素含量在 1.82～21.38 mg/100 g，山奈酚含量在 1.03～4.58 mg/100 g，异鼠李素的含量在 0.75～11.62 mg/100 g。叶片中总黄酮含量在 2 170.6～3 128.3 mg/100 g，其中槲皮素含量在 1 438.6～2 016.7 mg/100 g，山奈酚含量在 219～498.4 mg/100 g，异鼠李素的含量在 355.4～645.3 mg/100 g。种子中总黄酮含量在 206.81～250.6 mg/100 g，其中槲皮素含量在 98.74～130.63 mg/100 g，山奈酚含量在 32.82～65.69 mg/100 g，异鼠李素的含量在 32.74～70.72 mg/100 g。果实、叶片和种子中槲皮素的含量均明显高于其余两种物质。

由图 2-86 可以看出，沙棘果实中的槲皮素含量明显高于山奈酚和异鼠李素，新棘 2 号果实中此三者的含量均达到了最高值，分别为 21.38 mg/100 g、4.58 mg/100 g、11.62 mg/100 g。新棘 1 号、新棘 2 号和新棘 3 号中的槲皮素、山奈酚和异鼠李素的含量均高于 3 个对照品种。为此，果实中沙棘总黄酮含量最高的是新棘 2 号，为 37.58 mg/100 g；其次为新棘 1 号，为 32.42 mg/100 g；再次为新棘 3 号，为 30.44 mg/100 g。

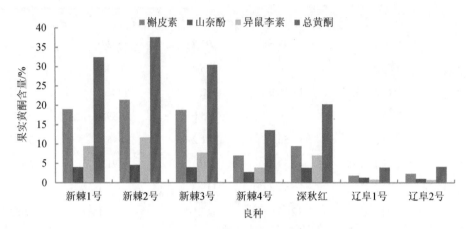

图 2-86　沙棘果实中黄酮含量比较

　　由图 2-87 可以看出，沙棘叶片中槲皮素含量远远高于山奈酚和异鼠李素，同样是新棘 2 号，三者的含量均达到了最高值，分别为 2 016.7 mg/100 g、498.4 mg/100 g、613.7 mg/100 g。槲皮素含量均高于 3 个对照品种的是新棘 2 号。山奈酚含量均高于 3 个对照品种的也只有新棘 2 号。异鼠李素含量最高的是深秋红，为 645.3 mg/100 g。4 个沙棘良种中叶片总黄酮含量超过 3 个对照品种的是新棘 2 号，其含量为 3 128.8 mg/100 g，其次是深秋红，为 3 002.8 mg/100 g。

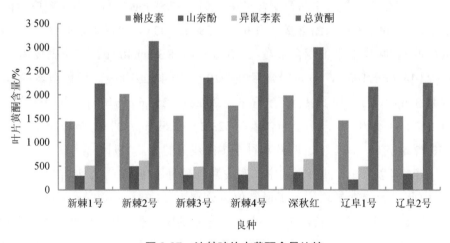

图 2-87　沙棘叶片中黄酮含量比较

从图 2-88 可以看出，沙棘种子中也是槲皮素含量最高。槲皮素含量高于对照的是新棘 1 号和新棘 2 号，其含量分别为 121.71 mg/100 g 和 130.63 mg/100 g。山奈酚含量高于 3 个对照的是新棘 1 号、新棘 2 号和新棘 4 号，其含量分别为 54.21 mg/100 g、65.69 mg/100 g 和 49.64 mg/100 g。异鼠李素含量均高于 3 个对照的仅有新棘 4 号，为70.72 mg/100 g。4 个沙棘良种中种子总黄酮含量超过 3 个对照的是新棘 2 号和新棘 4 号，其含量分别为 250.6 mg/100 g 和 221.72 mg/100 g。

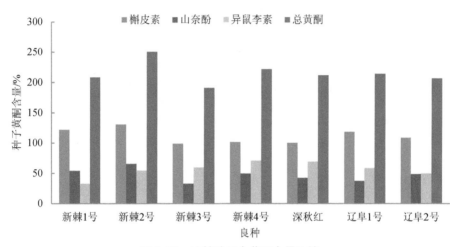

图 2-88　沙棘种子中黄酮含量比较

由表 2-70 可以看出，沙棘叶片中槲皮素、山奈酚和异鼠李素的含量与果实和种子中的含量存在极显著差异，果实与种子之间差异不显著。随着总黄酮含量的增加，三个组成成分的含量均随之增加，各组分含量与总黄酮含量呈明显的正相关关系。反过来看，果实的总黄酮含量降低，三者的含量不仅随之下降，而且三个组分含量之间的差异也随之变小。

表 2-70　不同部位的沙棘黄酮含量差异　　　　　　　单位：mg/100 g

部位	槲皮素	山奈酚	异鼠李素	总黄酮
果实	11.38±3.12b	3.07±0.53b	5.87±1.59b	20.327 1±5.17b
叶片	1 683.49±91.57a	336.53±32.35a	526.57±37.25a	2 546.585 7±148.11a
种子	111.4±4.67b	47.26±4.15b	56.34±4.86b	215.007 1±6.90b

由图 2-89 可以看出，沙棘果实中总黄酮含量最高的是新棘 2 号，其次为新棘 1 号；叶片中总黄酮含量最高的是新棘 2 号，其次为深秋红；种子中总黄酮含量最高的是新棘 2 号，其次为新棘 4 号。新棘 2 号与其他良种和品种相比，在果实、叶片和种子中的总黄酮含量均达到了最高值。

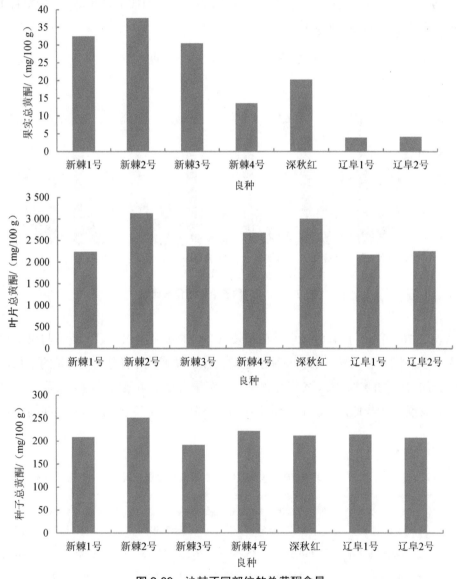

图 2-89　沙棘不同部位的总黄酮含量

2.3.3.7 维生素含量分析

沙棘是目前世界上含有天然维生素种类最多的珍贵经济林树种，其 VC 含量远远高于鲜枣和猕猴桃，从而被誉为天然维生素的宝库。我们测定了 4 个良种和 3 个对照品种果实和种子中的 VC、VE 和 β-胡萝卜素的含量，主要采用荧光测定法，检测依据 GB 6195—1986，结果见表 2-71。

表 2-71　沙棘果实、种子中维生素含量比较　　　　　　单位：mg/100 g

测定部位	良种	VC	VE	β-胡萝卜素
果实	新棘 1 号	81.4	0.57	55.28
	新棘 2 号	190.6	0.21	63.05
	新棘 3 号	248	2.13	89.32
	新棘 4 号	212.3	1.06	54.43
	深秋红	89.4	0.78	72.14
	辽阜 1 号	85.78	0.44	61.38
	辽阜 2 号	98.72	0.46	60.07
种子	新棘 1 号	1.98	19.36	31.42
	新棘 2 号	2.26	22.74	35.06
	新棘 3 号	3.14	24.88	36.24
	新棘 4 号	5.76	20.8	29.98
	深秋红	2.73	23.6	32.3
	辽阜 1 号	2.98	21.87	31.37
	辽阜 2 号	3.54	19.96	30.53

高 VC 含量是沙棘果实的最大特点之一。由表 2-71 和图 2-90 可以看出，果实 VC 含量明显高于种子的 VC 含量，果实 VC 含量在 81.4～212.3 mg/100 g，差异较大，含量最高的是新棘 3 号，其余依次为新棘 4 号、新棘 2 号、辽阜 2 号、深秋红、辽阜 1 号、新棘 1 号。种子中 VC 含量在 1.98～5.76 mg/100 g，差异较大，含量最高的是新棘 4 号，其余依次为辽阜 2 号、新棘 3 号、辽阜 1 号、深秋红、新棘 2 号、新棘 1 号。

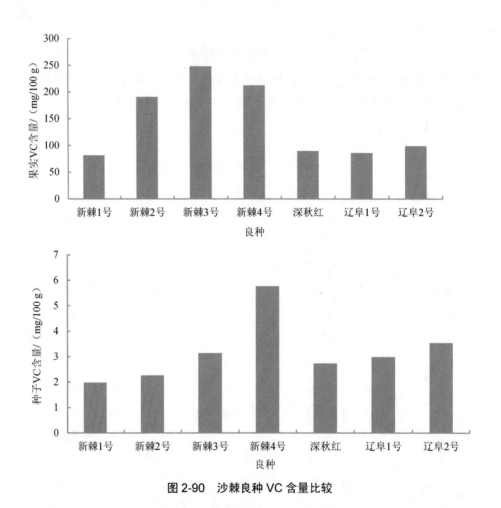

图 2-90　沙棘良种 VC 含量比较

VE 是沙棘中的脂溶性维生素，在沙棘果肉和种子中均有较高含量。由表 2-71 和图 2-91 可以看出，种子中的 VE 含量明显高于果实中的含量。果实 VE 含量在 0.21～2.13 mg/100 g，差异较大，含量最高的是新棘 3 号，其余依次为新棘 4 号、深秋红、新棘 1 号、辽阜 2 号、辽阜 1 号、新棘 2 号。种子中 VE 含量在 19.36～24.88 mg/100 g，差异较大，含量最高的是新棘 3 号，其余依次为深秋红、新棘 2 号、辽阜 1 号、新棘 4 号、辽阜 2 号、新棘 1 号。

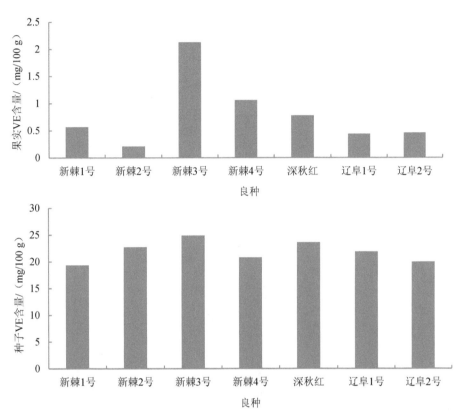

图 2-91　沙棘良种 VE 含量比较

由表 2-71 和图 2-92 可以看出，果实中的 β-胡萝卜素含量远远高于种子中的，差异较大。果实中 β-胡萝卜素含量在 54.43～89.32 mg/100 g，含量最高的是新棘 3 号，其余依次为深秋红、新棘 2 号、辽阜 1 号、辽阜 2 号、新棘 1 号、新棘 4 号。种子中 β-胡萝卜素含量在 29.98～36.24 mg/100 g，含量最高的是新棘 3 号，其余依次为新棘 2 号、深秋红、新棘 1 号、辽阜 1 号、辽阜 2 号、新棘 4 号。一般认为，类胡萝卜素的组成及含量会直接影响果实的颜色。测试的 4 个良种和 3 个对照品种中，新棘 3 号的果实为鲜红色，色泽最红；深秋红为红色，但是在 9 月中下旬颜色开始转红；新棘 1 号为黄色，其余均为橘黄色或是橙黄色。说明类胡萝卜素（以 β-胡萝卜素为主）的含量和果实颜色有很大的相关性。

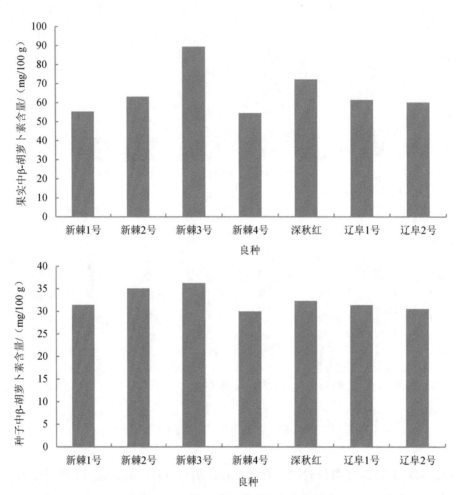

图 2-92　沙棘良种 β-胡萝卜素含量比较

2.3.3.8　新棘 5 号雄株花粉分析

花粉是高等植物的雄性配子体，在有性繁殖过程中起着传递雄性亲本的遗传信息的作用，在植物遗传、育种中也起着重要的作用。我们对优选出的新棘 5 号进行了花粉活性的测定，以阿列伊花粉为对照，观测两种雄株之间存在的差异。

（1）新棘 5 号花期物候观测

在 4 月底至 5 月初，对试验区内新棘 5 号和阿列伊的花期物候进行观察。以 5% 的个体开花视为群体始花期，以 25% 的个体开花视为群体初花期，以 50% 的个体开花视为群体盛花期，以95%的植株开花结束视为群体末花期。采取盛花期的花粉粒进行花粉萌发力测试，结果见表2-72。

表2-72　新棘5号与阿列伊的花期物候

品种	始花期	初花期	盛花期	末花期
新棘5号	5月1日	5月3日	5月6日	5月16日
阿列伊	4月30日	5月2日	5月6日	5月14日

由表2-72可以看出，新棘5号和阿列伊的始花期在4月底，新棘5号始花期和初花期比阿列伊晚1d，盛花期时间相同。新棘5号花期16d，阿列伊花期15d。与前述2.3.2.2（1）中优株雌株的花期相比，总体来说雄株品种较雌株品种开花早，初花期和盛花期时间相差1～3d。

（2）新棘5号花粉萌发力分析

采用花粉离体萌发的方法测定新棘5号和阿列伊的花粉活力。方法：取适量的花粉粒（盛花期第3d）散落在培养基上，在25℃气温下培养12h，在电子显微镜下统计花粉管萌发率，花粉培养基为20%蔗糖+$0.1×10^{-4}$g/L硼酸+6%琼脂平板。结果见表2-73。

表2-73　雄株花粉萌发力比较　　　　　　　　　　单位：%

品种	Ⅰ组	Ⅱ组	Ⅲ组	平均
新棘5号	86.9	88.6	89.7	88.4
阿列伊	90.1	89.1	90.7	89.97

在显微镜下观察，雄株花粉6h时开始萌发，且萌发速度较快。理论上，花粉萌发时间越长，有活力的花粉越能够完全萌发，统计数据就越准确。但试验中发现，培养时间过长，花粉管容易破裂，影响统计结果，所以，我们使用了培养12h统计花粉活力的方法。由表2-73可以看出，新棘5号和阿列伊花粉萌发力均较高，新棘5号新鲜花粉萌发力为88.4%，略低于对照品种阿列伊，阿列伊新鲜花粉萌发力为89.97%，两者之间在花粉粒萌发率上差异不显著。

（3）花粉粒数及花粉的传播距离

花粉数量的记数方法是，于盛花期第 3 天，在试验地中随机摘取新棘 5 号和阿列伊的花朵，取每朵花的一个花药压片，在显微镜下观察统计花粉量，共 30 个重复。胚珠数量的计数方法是在显微镜下，用解剖针将花朵子房解剖开，计数其中的胚珠数。P/O 值＝单花花粉数量/单花胚珠数量。结果见表 2-74。

表 2-74 花粉粒数量统计

品种	花粉粒数量/粒	胚珠数/个	P/O 值
新棘 5 号	23 871	1	95 484
阿列伊	25 026	1	100 104

花粉传播距离检测法：在雄株花粉盛花期第 3 天的时候进行。用重力玻片法把涂有凡士林油的载玻片以沙棘雄株（新棘 5 号和阿列伊）的位置为起点，沿着顺风方向按 5 m 间隔放置，每个点布 3 片，最远至 100 m。取样间隔 12 h，取回载玻片后，在目镜为 10× 和物镜为 40×的奥林巴斯（OLympus）显微镜下检测花粉粒数，结果见表 2-75。

表 2-75 沙棘顺风方向不同传粉距离的花粉粒数 单位：粒

品种	距离花粉源距离									
	5 m	10 m	15 m	20 m	25 m	30 m	35 m	40 m	45 m	50 m
新棘 5 号	406.3	507.6	638.4	725.1	875.4	732.1	548.1	342.3	206.3	175.4
阿列伊	412.3	518.6	586.9	627.8	814.5	906.3	658.4	389.4	238.4	198.7
品种	距离花粉源距离									
	55 m	60 m	65 m	70 m	75 m	80 m	85 m	90 m	95 m	100 m
新棘 5 号	106.2	98.7	88.4	72.1	54.3	32.1	25.4	17.9	9.7	2.1
阿列伊	135.4	112.3	95.7	78.6	60.7	41.2	30.6	28.6	11.3	6.9

新棘 5 号雄花独立着生，一个雄花芽有 4～6 朵花，每朵花由 2 个萼片、4 个雄蕊组成，花药有 2 个药室。通过检测，新棘 5 号小花 1 个花药的花粉量约为 23 781 粒，则每一朵花的花粉量约为 95 484 粒；阿列伊小花 1 个花药的花粉量约为 25 026 粒，则每一朵花的花粉量约为 100 104 粒。沙棘雄花的子房为单室，子房上位，1 心皮，1 室，1 胚珠，所以，新棘 5 号和阿列伊的 P/O 值分别为 95 484 和 100 104。

由表 2-75 和图 2-93 可以看出来，在花期内，新棘 5 号和阿列伊的大部分花粉分布在 0～30 m 处，新棘 5 号花粉量以距离 25 m 处最多，阿列伊花粉量以距离 30 m 处最多。在盛花期，新棘 5 号和阿列伊顺风向在距花粉源 90 m 和 100 m 处仍能检测到花粉。在距离花粉源的同一距离处，两个雄株传播的花粉量差异不显著。

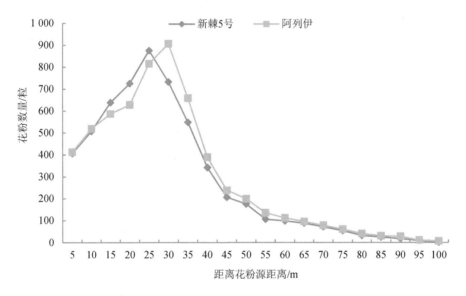

图 2-93　新棘 5 号和阿列伊顺风方向的花粉距离

由以上综合分析可知，新棘 5 号花期在 4 月底，花期 16 d，盛花期新棘 5 号新鲜花粉萌发力为 88.4%，每朵花的花粉量为 95 484 粒，P/O 值较高，且雄花不分泌汁液，是典型的风媒花，在晴天具有爆发性开花的特点，花粉随风可传播至 100 m 处，花粉传播在 25 m 处达到了最高值，为 875.4 粒。花粉各性状与对照品种阿列伊相比，差异不显著，可作为阿列伊的替代品种进一步培育。

2.3.3.9　5个沙棘良种经济学特性小结

我们对优选的新棘 1 号、新棘 2 号、新棘 3 号和新棘 4 号四个雌株进行了含油量、脂肪酸、果肉 VC 含量、含水量、总糖、总酸等性状指标的测定，对优选的新棘 5 号优株叶片的花粉活性进行了测定，小结如下。

①新棘 1 号含油量为 21.73%，明显高于其他良种和品种，与其他品种间存在极显著差异。目前，市场上籽油的价格远高于果油，市场前景广阔，新棘 1 号种子含油量极高，为此，我们优选出来作为提取籽油的优良品种予以推广。

②4 个良种和 3 个对照品种的种子和果肉油中均检测出含有脂肪酸，且含量较高。种子中含量较高的饱和脂肪酸为棕榈酸，不饱和脂肪酸含量较高的是亚油酸，其次是亚麻酸。果肉中含量较高的饱和脂肪酸为棕榈酸，不饱和脂肪酸含量较高的是油酸，其次是亚油酸。新棘 1 号果肉和种子中的不饱和脂肪酸含量分别为 88.6%和 38.9%，均高于其余的良种和品种。

③新棘 2 号果实、叶片和种子的粗脂肪含量均高于其他良种和品种，含量分别为 5.4%、11.5%和 6.2%；新棘 2 号果实和种子的粗蛋白含量也略高于其余良种和品种，含量分别为 2.27%和 25.97%，仅叶子的粗蛋白明显低于深秋红。总体来看，新棘 2 号干物质含量较高，可将新棘 2 号作为加工良种予以育种、推广。

④4 个沙棘良种和 3 个对照品种的果实检测出 17 种氨基酸，其中包括人体必需的 8 种氨基酸；氨基酸总量范围在 1.65%～2.26%，含量最高的是新棘 2 号（2.26%），其余依次为新棘 3 号、辽阜 1 号、深秋红、辽阜 2 号、新棘 1 号、新棘 4 号。新棘 5 号叶片氨基酸总量为 15.5%，高于阿列伊（14.1%）。

⑤新棘 4 号果实含水量最高（84.3%），含糖量最高（7.2%），总酸量最低（9.44 mg/100 g），与其他良种和品种间均存在显著性差异。新棘 4 号汁多、含糖量高、含酸量低，适宜于加工果汁。

⑥4 个良种和 3 个对照品种果实中的总黄酮含量为 3.91～37.58 mg/100 g，叶片为 2 170.6～3 128.3 mg/100 g，种子为 206.81～250.6 mg/100 g。沙棘果实中总黄酮含量最高的是新棘 2 号，其次为新棘 1 号；叶片中总黄酮含量最高的是新棘 2 号，其次为深秋红；种子中总黄酮含量最高的是新棘 2 号，其次为新棘 4 号。新棘 2 号与其他良种和品种相比，在果实、叶片和种子中的总黄酮含量均达到了最高值。

⑦4 个良种和 3 个对照品种的果实 VC 含量在 81.4～212.3 mg/100 g，含量最高的是新棘 3 号；种子 VE 含量在 19.36～24.88 mg/100 g，含量最高的是新棘 3 号；果实中 β-胡萝卜素含量在 54.43～89.32 mg/100 g，含量最高的是新棘 3 号；种子中 β-胡萝卜素含量在 29.98～36.24 mg/100 g，含量最高的也是新棘 3 号。经分析，类胡萝卜素（β-胡萝卜素为主）的含量和果实颜色存在相关性，即果实颜色越红，β-胡萝卜素含量越高。综合分析，新棘 3 号干果渣含油量最高，含糖量仅次于新棘 4 号，维生素含量高，综合性状较好。

⑧新棘 5 号花期在 4 月底，花期 16 d，盛花期新鲜花粉萌发力为 88.4%，每朵花的花粉量为 95 484 粒，P/O 值较高，且雄花不分泌汁液，是典型的风媒花，观察到在晴天具有爆发性开花的特点，花粉随风可传播至 100 m 处，花粉传播在 25 m 处达到最高值，为 875.4 粒。花粉各性状与对照品种阿列伊相比差异不显著，可作为阿列伊的替代品种进一步培育。

2.3.4 良种区域栽培试验

沙棘种质资源丰富，又处于野生、半野生状态，性状变异十分复杂，发掘有益的变异用之于生产，无疑是便捷、有效的遗传改良途径。2012 年，我们利用三种无性繁殖方式对 30 个优株进行了苗木繁育，配合良种审定，在南、北疆多个地区（阿勒泰地区布尔津县杜来提乡、青河县国家级大果沙棘良种繁育基地、昌吉州吉木萨尔县石场沟、奇台县七户乡、克州阿合奇县库兰萨日克乡）进行了不同区域的栽培和区域试验，确定了 5 个良种并进行了审定，命名为新棘 1～5 号。乡土品种沙棘适应性强，遗传改良潜力大，"选引育"并进可加速育种的进程。为此，在选择优良品种的同时，我们对 5 个良种进行了区域栽培试验，以 2 个主栽品种深秋红和阿列伊为对照，观察其成活率、保存率、生长量、产量等情况，确定其生长适应性，为良种在新疆的推广提供基础依据。

2.3.4.1 第 1 年不同试验点不同良种成活率比较

2013 年 5 月，我们将 5 个良种和 2 个对照品种无性繁殖的 1 年生扦插苗直接定植在青河县、布尔津县、吉木萨尔县、奇台县和阿合奇县试验地内，每个良种 70 株，其中新棘 1 号、新棘 2 号、新棘 3 号、新棘 4 号和深秋红按照每 2 行雌株排入 1 行雄株来栽植，以保证正常授粉，雄株使用阿列伊。在每个重复中，各良种的排列次序是随机的，但每 2 行加入 1 行雄株是固定的。新棘 5 号在每个重复中单独成行。栽植株距为 2 m，行距为 3 m，1 亩地栽植 110 棵。栽植穴规格为 40 cm×40 cm×40 cm。栽植后立即灌溉，1 周后第 2 次灌溉，灌溉后第 2～3 天及时锄地松土通气，防止表层土壤开裂，随后进行常规的关键灌溉和除草管理等。同年 10 月对 5 个地区不同良种 1 年生苗成活率进行了统计，结果见表 2-76。

表 2-76　不同栽培地区不同良种成活率统计　　　　单位：%

试验点	新棘 1 号	新棘 2 号	新棘 3 号	新棘 4 号	深秋红	新棘 5 号	阿列伊
青河县	95.00	91.75	91.00	90.25	91.25	88.25	89.00
布尔津县	92.00	90.25	89.75	88.25	91.00	87.75	89.25
吉木萨尔县	90.75	89.25	88.25	89.25	91.50	82.50	85.25
奇台县	86.50	83.75	88.50	80.50	89.25	79.50	85.50
阿合奇县	93.25	90.75	89.25	88.75	90.25	86.50	87.25

由表 2-76 和图 2-94 可以看出，新棘 1 号成活率除奇台县为 86.5% 之外，其余地区的成活率均达到了 90% 以上，成活率最高的是青河县，达 95%。新棘 2 号成活率达到 90% 以上的有三个地区，分别是青河县（91.75%）、布尔津县（90.25%）、阿合奇县（90.75%）。成活率最低的是奇台县，为 83.75%。新棘 3 号成活率也均达到了 85% 以上，青河县成活率最高，为 91%，其余各地成活率之间差异不大，成活率最低的是吉木萨尔县，为 88.25%。新棘 4 号成活率在 80.5%～90.25%，青河县成活率最高，最低的是奇台县。深秋红在各地的成活率差异不显著，在 89.25%～91.5%，最高的地方是吉木萨尔县，最低的是奇台县。新棘 5 号成活率低于优选雌株的成活率，在 79.5%～88.25%，没有达到 90% 以上的，成活率最高的是青河县，其次为布尔津县，最低的是奇台县。雄株阿列伊在各地的成活率差异较小，在 85.25%～89.25%，成活率最高的是布尔津县，为 89.25%，最低的是吉木萨尔县，达 85.25%。总体来看，各良种在不同的栽培区适应性较强，成活率均较高，差异不显著。

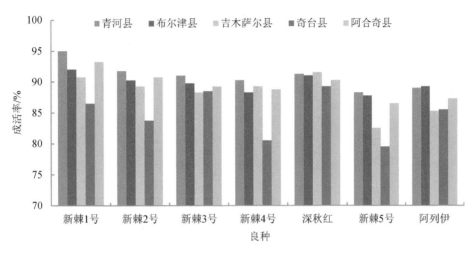

图 2-94　不同良种不同栽培地区 1 年生苗成活率比较

2.3.4.2　第 1 年不同试验点不同良种生长情况比较

对不同栽培区内不同良种 1 年生苗进行株高、地径、冠幅、新梢生长量的测定，确定其生长情况。

（1）株高

由表 2-77 和图 2-95 可以看出，新棘 1 号在 5 个试验点的株高生长量差异较大，株高在 65.2～76.7 cm，最高的在阿合奇县，最低的在布尔津县。新棘 2 号株高在 53.6～72.1 cm，最高的是阿合奇县，其次是青河县，最低的是奇台县。新棘 3 号株高在 97.63～101.8 cm，各试验点成活率差异不大，最高的是青河县，其次是阿合奇县，最低的是吉木萨尔县。新棘 4 号株高在 89.6～110.8 cm，各地株高存在一定差异，最高的是青河县，其次是阿合奇县，最低的是奇台县。深秋红株高在各地区差异不显著，株高范围在 66.7～79.6 cm，最高的是阿合奇县，其次为布尔津县，最低的是奇台县。新棘 5 号株高在 76.9～89.6 cm，株高最高的是吉木萨尔县，其次为青河县，最低的是奇台县。阿列伊在 5 个试验点生长高度差异不显著，高度在 83.5～90.1 cm，最高的是吉木萨尔县，最低的是奇台县。由图 2-95 可以看出，不同品种平均株高由高到低依次是新棘 4 号、新棘 3 号、阿列伊、新棘 5 号、深秋红、新棘 1 号、新棘 2 号。

表 2-77　不同栽培区不同良种 1 年生苗株高比较　　　单位：cm

试验点	新棘 1 号	新棘 2 号	新棘 3 号	新棘 4 号	深秋红	新棘 5 号	阿列伊
青河县	72.1	69.8	101.8	110.8	73.5	86.7	88.9
布尔津县	65.2	63.9	98.71	106.3	78.5	78.3	86.8
吉木萨尔县	74.4	61.8	97.63	97.4	69.7	89.6	90.1
奇台县	73.2	53.6	101.4	89.6	66.7	76.9	83.5
阿合奇县	76.7	72.1	103.4	108.6	79.6	85.5	87.6

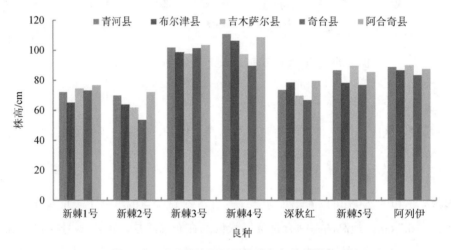

图 2-95　不同栽培区不同良种 1 年生苗株高比较

（2）地径

由表 2-78 和图 2-96 可以看出，新棘 1 号在各栽培区的地径在 0.57～0.76 cm，吉木萨尔县地径最粗，最细的是布尔津县，吉木萨尔县、奇台县和阿合奇县的地径差异不显著。新棘 2 号在各栽培区的地径在 0.33～0.73 cm，差异极显著，青河县地径最粗，为 0.73 cm，奇台县最细，为 0.33 cm。新棘 3 号在各栽培区的地径较粗，粗度在 0.79～1.07 m，超过 1 cm 的有布尔津县和阿合奇县，分别为 1.03 cm 和 1.07 cm，最细的是奇台县，为 0.79 cm。新棘 4 号在各栽培区的地径在 0.69～0.98 cm，长势最粗壮的是青河县，其次是阿合奇县，长势最细弱的是奇台县。深秋红在各栽培区的地径在 0.64～0.91 cm，长势最粗壮的是阿合奇县，其次为奇台县，长势最细弱的是布尔津县。新棘 5 号在各栽培区的地径在 0.59～0.74 cm，长势最粗壮的是吉木萨尔县，长势最细弱的是布尔津县。阿列伊在 5 个栽培区的地径在 0.61～0.83 cm，长势最粗壮的是吉木萨尔县，青河县和阿合奇县差异不大，长势最细弱的是布尔津县。

表 2-78　不同栽培区不同良种 1 年生苗地径比较　　　　　　　　单位：cm

试验点	新棘 1 号	新棘 2 号	新棘 3 号	新棘 4 号	深秋红	新棘 5 号	阿列伊
青河县	0.68	0.73	0.94	0.98	0.69	0.62	0.72
布尔津县	0.57	0.59	1.03	0.86	0.64	0.59	0.61
吉木萨尔县	0.76	0.56	0.89	0.74	0.72	0.74	0.83
奇台县	0.74	0.33	0.79	0.69	0.81	0.65	0.69
阿合奇县	0.72	0.41	1.07	0.92	0.91	0.68	0.70

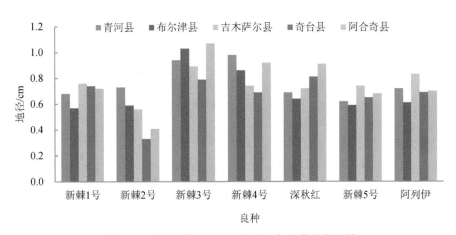

图 2-96　不同栽培区不同良种 1 年生苗地径比较

（3）冠幅

由表 2-79 和图 2-97 可以看出，新棘 1 号在各栽培区的冠幅在 30.1～48.35 cm，吉木萨尔县最大（48.35 cm），其次为奇台县（45.65 cm），最小的是布尔津县（30.1 cm），青河县、布尔津县和阿合奇县冠幅长势差异不显著。新棘 2 号在各栽培区的冠幅在 27.25～35.43 cm，冠幅最大的是阿合奇县（35.43 cm），最小的是吉木萨尔县（27.25 cm）。新棘 3 号在各栽培区的冠幅平均达 60 cm 以上，且各栽培区冠幅长势差异较大，在

58.35～78.95 cm，冠幅最大的是青河县，最小的是布尔津县。新棘 4 号在各栽培区的冠幅在 54～62.65 cm，差异较小，冠幅最大的是青河县，其次是布尔津县，最小的是阿合奇县。深秋红在各栽培区的冠幅在 29.08～45.30 cm，冠幅最大的是阿合奇县，其次为奇台县，最小的是布尔津县。新棘 5 号冠幅在 31.2～59.75 cm，差异较大，最大的是吉木萨尔县，最小的是奇台县。阿列伊在各栽培区的冠幅在 40.7～50.2 cm，最大的是吉木萨尔县，最小的是奇台县。

表 2-79　不同栽培区不同良种 1 年生苗冠幅比较　　　　　　单位：cm

试验点	新棘 1 号	新棘 2 号	新棘 3 号	新棘 4 号	深秋红	新棘 5 号	阿列伊
青河县	32.62	30.75	78.95	62.65	32.45	49.55	43.70
布尔津县	30.10	29.80	58.35	60.04	29.08	35.20	40.70
吉木萨尔县	48.35	27.25	62.50	58.45	32.50	59.75	50.20
奇台县	45.65	28.20	61.70	59.75	34.50	31.20	38.60
阿合奇县	33.20	35.43	62.50	54.00	45.30	48.20	47.20

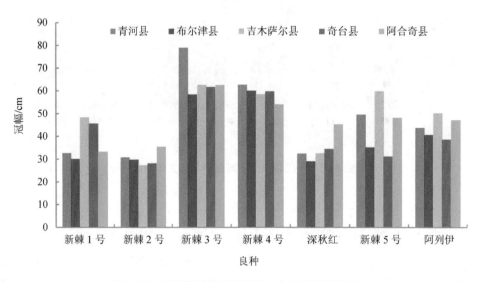

图 2-97　不同栽培区不同良种 1 年生苗冠幅比较

（4）新梢生长量

由表 2-80 和图 2-98 可以看出，新棘 1 号在各栽培区的新梢生长量均在 50 cm 以上，为 50.75～61.72 cm，差异较小，阿合奇县最大（61.72 cm），其次为奇台县（58.61 cm），最小的是布尔津县（50.75 cm）。新棘 2 号在各栽培区的新梢生长量在 31.4～77.82 cm，差异极大，最大的是青河县，其次为阿合奇县，最小的是奇台县，仅有 31.4 cm。新棘 3 号在各栽培区的新梢生长量均达到了 50 cm 以上，在 55.9～60.61 cm，各栽培区之间差异较小，最大的是青河县（60.61 cm），其次为阿合奇县（60.2 cm），最小的是奇台县（55.9 cm）。新棘 4 号在各栽培区新梢生长量在 47.84～70.36 cm，差异较大，最大的是阿合奇县，其次是青河县，这两个县的新棘 4 号新梢平均生长量差异极小，最小的是奇台县（47.84 cm）。深秋红在各栽培区新梢生长量在 42.7～51.23 cm，各栽培区之间差异较小，最大的是布尔津县，其次为阿合奇县，最小的是奇台县。新棘 5 号新梢生长量在 40.67～60.67 cm，最大的是青河县（60.67 cm），其次为阿合奇县（59.7 cm），最小的是奇台县（40.67 cm）。阿列伊在各栽培区的新梢生长量在 51.27～63.70 cm，最大的是青河县，最小的是奇台县。

表 2-80　不同栽培区不同良种 1 年生苗新梢生长量比较　　　单位：cm

试验点	新棘 1 号	新棘 2 号	新棘 3 号	新棘 4 号	深秋红	新棘 5 号	阿列伊
青河县	52.03	77.82	60.61	70.35	49.27	60.67	61.20
布尔津县	50.75	42.50	59.26	69.67	51.23	44.20	56.50
吉木萨尔县	53.92	39.81	58.62	55.60	46.70	57.84	63.70
奇台县	58.61	31.40	55.90	47.84	42.70	40.67	51.27
阿合奇县	61.72	51.25	60.20	70.36	50.10	59.70	60.10

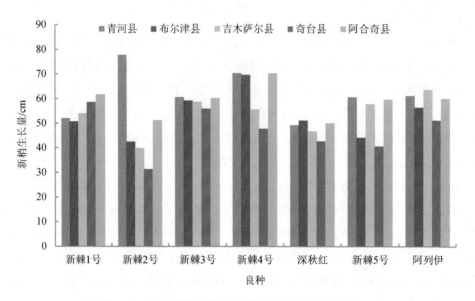

图 2-98　不同栽培区不同良种 1 年生苗新梢生长量比较

综上可以看出，5 个良种在各栽培区内第 1 年内生长状况总体良好，成活率除奇台县新棘 5 号良种为 79.5%以外，其余均达到了 80%以上。各良种株高、冠幅、地径和新梢生长量在不同的栽培区总体表现较好，适应性强，长势较好。在田间统计成活率时发现，苗木栽植后的管理对其成活率及生长有较大的影响。土肥水管理好的片区成活率相对较高，苗木营养足，生长旺盛，地径较粗，新梢生长快，植株长势健壮；反之，苗木生长瘦弱。再观察还发现，新梢大多向上直立生长，因此，一年生苗木冠幅较小，适当地去顶可以促进植株侧枝生长、冠幅增大，使得其枝繁叶茂、地径粗壮。

2.3.4.3　第 4 年不同试验点不同良种保存率比较

2016 年，我们统计了 5 个试验点不同良种的保存率。由于自 2014 年开始，自治区工作重点转移，课题组主要成员参与了"访惠聚"工作，造成吉木萨尔县和阿合奇县没有严格按试验设计执行，导致数据测定不全。2016 年，我们只是对各栽培区不同良种的保存率进行了统计，后续只分析了青河县 5 个良种栽培第 4 年的生长情况。

由表 2-81 和图 2-99 可以看出：青河县 5 个沙棘良种和 2 个对照品种的保存率均达到了 80%以上，4 个沙棘良种雌株与对照品种深秋红的保存率从高到低依次为新棘 4 号（90.25%）、新棘 2 号（87.50%）、深秋红（87.25%）、新棘 3 号（86.25%）、新棘 1

号（85.75%），保存率均较高，优选雌株与深秋红保存率差异不显著。新棘5号雄株与对照品种阿列伊的保存率分别为 80.00% 和 80.75%，差异极小。布尔津县保存率在 75.50%～89.25%，保存率也较高。吉木萨尔县、奇台县和阿合奇县保存率在 50% 左右，保存率较低，主要是因为从 2014 年开始，对这三个县只是在每年年底安排课题成员进行现场观测，观测优良单株和对照品种的生长表现，没有严格按试验设计执行，未进行长期技术跟踪，由于管理不到位，植株死亡较多。

表 2-81　不同栽培区不同良种保存率比较　　　　　　　　单位：%

试验点	新棘1号	新棘2号	新棘3号	新棘4号	深秋红	新棘5号	阿列伊
青河县	85.75	87.50	86.25	90.25	87.25	80.00	80.75
布尔津县	80.25	75.50	76.75	89.25	79.85	76.00	77.50
吉木萨尔县	36.50	45.50	50.75	65.25	48.25	36.50	39.75
奇台县	39.75	48.75	50.50	55.25	45.25	30.75	32.50
阿合奇县	21.25	39.75	41.50	40.25	45.50	28.50	30.25

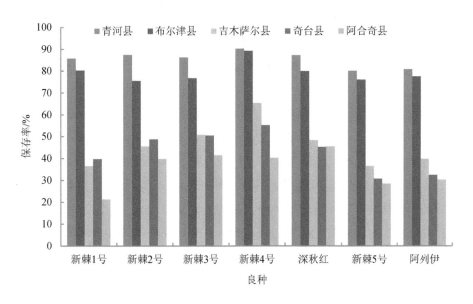

图 2-99　不同栽培区不同良种保存率比较

2.3.4.4　青河县第 4 年不同良种生长情况比较

我们对青河县 5 个沙棘良种和 2 个对照品种第 4 年的生长情况进行了测定，主要测定指标为株高、地径、冠幅、新梢生长量、百果重、千粒重等，结果见表 2-82。由表 2-82 可以看出，在青河县各良种第 4 年总体生长状况较好，5 个良种和 2 个对照品种株高在 183.6～303.5 cm，地径在 3.36～6.82 cm，树体冠幅较大，在 183.2～290.6 cm，植株长势健壮。新梢生长量在 14.2～23.6 cm，叶片细长，10 cm 枝条叶片数在 15.25～20.75 个。2 个雄株各性状差异不显著，生长旺盛。

表 2-82　青河县不同沙棘良种第 4 年生长指标比较

良种	株高/cm	地径/cm	冠幅/cm	新梢生长量/cm	叶片长度/cm	叶片宽度/cm	叶片长宽比	10 cm 枝叶片数/个
新棘 1 号	241.6	4.81	238.1	19.6	5.53	0.576	9.601	18.25
新棘 2 号	240.3	5.19	219.7	18.2	5.326	0.608	8.76	17.5
新棘 3 号	290.3	6.31	256.7	21.6	7.91	0.862	9.176	19.75
新棘 4 号	303.5	6.82	290.6	23.6	3.746	0.598	6.264	20.75
深秋红	205.3	4.81	183.2	14.2	6.46	0.89	7.258	15.25
新棘 5 号	183.6	3.87	199.8	17.3	7.356	0.873	8.426	20.25
阿列伊	198.2	3.36	191.9	15.4	7.61	0.94	8.096	20

由表 2-83 可以看出，与对照品种深秋红比较，4 个沙棘优良雌株百果重高于深秋红的有 3 个，分别是新棘 1 号、新棘 3 号和新棘 4 号，百果重由高到低依次是新棘 4 号、新棘 3 号、新棘 1 号、深秋红、新棘 2 号。4 个良种果实纵径均达到了 1.0 cm 以上，除新棘 1 号、新棘 3 号略低于深秋红外，其余良种纵径均高于深秋红，果实横径方面，4 个良种也均高于深秋红，说明优选的 4 个良种均为大果粒沙棘。4 个良种果实单株产量在 3.49～3.76 kg/株，与深秋红（3.57 kg/株）相比差异不显著；4 个良种亩产量在 343.9～391.6 kg/亩，与深秋红（379.7 kg/株）相比差异不显著，亩产量由高到低依次为新棘 4 号、新棘 1 号、深秋红、新棘 3 号、新棘 2 号。4 个良种种子千粒重明显高于对照品种深秋红。总体来看，4 个良种果粒较大，百果重较重，果实亩产量高，在青河县栽培，经济性状总体表现优异。

表 2-83　青河县不同沙棘良种主要经济性状比较

| 良种 | 果实 | | | | | | | 种子 |
	色泽	形状	百果重/g	纵径/cm	横径/cm	产量/（kg/株）	亩产量/（kg/亩）	千粒重/g
新棘 1 号	橙黄色	椭圆形	65	1.206	0.966	3.76	380.6	21.44
新棘 2 号	黄色	圆柱形	57.62	1.564	0.908	3.49	343.9	16.24
新棘 3 号	橘黄色	椭圆形	70.5	1.138	1.108	3.52	357.2	18.21
新棘 4 号	鲜红色	椭圆形	84.4	1.33	1.064	3.56	391.6	18.91
深秋红	红色	圆柱形	60.02	1.29	0.872	3.57	379.7	11.77

2.3.4.5　青河县不同良种抗性比较

由表 2-84 可以看出，优选出的 5 个良种成活并保存下来的苗木，树体生长发育健壮，在生长过程中仅有个别小枝有被风吹断或是树皮刮擦受伤现象，抗寒性、抗旱性较强，病虫害危害轻。这可能是优选出来的植株本身就是阿勒泰地区的乡土品种，在长期的自然选择中已经适应了青河县的自然环境，所以在抗性方面适应性强，植株总体长势较好。

表 2-84　青河县不同沙棘良种 4 年生苗抗性比较

序号	树体生长发育情况	病虫害危害情况	树体受伤情况	抗性评价
新棘 1 号	健壮	轻	个别小枝	强
新棘 2 号	健壮	轻	个别小枝	强
新棘 3 号	健壮	轻	个别小枝	强
新棘 4 号	健壮	轻	个别小枝	强
深秋红	健壮	较轻	个别小枝	强
新棘 5 号	健壮	轻	个别小枝	强
阿列伊	健壮	轻	个别小枝	强

2.3.5　新疆沙棘良种的选育与区试小结

我们从 30 万亩的野生沙棘林中以选择优良类型和优良单株入手，采集了 227 个表型优良的单株，进行无性繁殖，建立试验林，通过驯化和试验从中筛选出 72 个优良单株，作为栽培品种进行长期试验，并进一步筛选出 29 个优良雌性单株和 1 个雄性单株，通过对 30 个优良单株生物学特性的观察，确定了 5 个良种：HH-03-01、BT-06-04、BT-12-01、BT-05-01、XT-01（雄），依次命名为新棘 1 号、新棘 2 号、新棘 3 号、新棘4 号、新棘 5 号（雄）。

对优选的新棘 1~4 号进行了含油量、脂肪酸、果肉 VC 含量、含水量、总糖、总酸等性状指标的测定，对优选的新棘 5 号进行了叶片花粉活性的测定，综合分析可以得出，新棘 1 号适宜作为提取籽油的良种；新棘 2 号可作为加工良种；新棘 3 号颜色艳丽、口感酸甜，作为鲜食、加工良种均可；新棘 4 号适宜于加工果汁；新棘 5 号可作为阿列伊雄株的替代良种。

对选育出的 5 个沙棘良种进行区域栽培试验，以深秋红和阿列伊为对照，区域栽培试验地点为阿勒泰地区布尔津县、青河县、昌吉州吉木萨尔县、奇台县七户乡、克州阿合奇县，区域栽培试验结论如下：

①5 个良种在各栽培区第 1 年内生长状况总体良好，成活率较高，基本都在 80%以上，良（品）种、地域之间没有明显差异；第 4 年保存率，青河县在 80%以上，布尔津县在 75%以上，其他区域较低（原因是自治区"访惠聚"工作需要原有技术人员去住村，后期工作未进行长期技术跟踪管理，管理不到位）。

②各良种 1 年生株高、冠幅、地径和新梢生长量在各栽培区总体表现较好，适应性强，长势较好；总体表现为新棘 4 号、新棘 3 号较高，阿列伊、新棘 5 号居中，深秋红、新棘 1 号、新棘 2 号较低，各地域之间存在一定的差异。

③青河县 5 个良种第 4 年总体生长状况较好，植株生长健壮，新棘 3 号、新棘 4 号在株高、地径、冠幅、新梢生长量方面均显著优于对照（深秋红），新棘 1 号、新棘 2 号稍高于对照（深秋红）；新棘 5 号与对照（阿列伊）各性状之间差异不显著，均生长旺盛。

④新棘 4 号、新棘 3 号百果重显著优于对照（深秋红），新棘 1 号、新棘 2 号与对照无明显差异；4 个良种果实亩产量在 343.9~391.6 kg/亩，由高到低依次为新棘 4 号、新棘 1 号、对照（深秋红）、新棘 3 号、新棘 2 号，差异不明显。总体来看，4

个良种果粒较大，百果重较重，果实产量较高，在青河县栽培，经济性状总体表现优异。

⑤优选出的 5 个良种成活并保存下来的苗木，树体生长发育健壮，抗寒性、抗旱性较强，病虫害危害轻，植株总体长势较好。

综合分析可以得出，5 个良种（新棘 1～5 号）优于或不差于对照品种（深秋红、阿列伊），4 个雌株良种生长健壮、经济性状好、病虫害轻、抗逆性强，适宜在新疆南、北疆区域栽培种植；新棘 5 号可作为阿列伊雄株的替代良种，在南、北疆区域栽培种植。

根据前期国内外引种试验和新疆沙棘良种选育结果，结论是，在新疆地区沙棘产业发展应以深秋红、新棘 1 号为主栽品种，阿列伊与新棘 5 号可互换作为授粉树，适当发展新棘 2 号、新棘 3 号、浑金、巨人 4 个优良品种。

第 3 章

沙棘生物学特性及生长发育规律

沙棘属胡颓子科沙棘属的落叶灌木或乔木，分为6个种和12个亚种。我国是沙棘属植物分布区面积最大、种类最多的国家。近年来随着沙棘产业的发展，沙棘的种植面积不断扩大，但是人工沙棘林经营管理相对粗放，缺乏科学管理，种植户对沙棘的生长发育习性及规律不甚了解，不能正确地开展沙棘的栽培管理。为系统掌握沙棘人工林的生长规律，我们采用常规生长量调查法定期不定期地调查沙棘生长发育习性及规律，确立了沙棘标准化示范栽培技术，为人工沙棘林经营管理提供了理论依据。

沙棘的根、茎、叶、花、果，特别是沙棘果实含有丰富的营养物质和生物活性物质，且由于沙棘适应性强，栽培管理技术易掌握，沙棘果经济效益明显，尤其是近年来随着对沙棘全方位、多用途的开发利用，沙棘已显示出广阔的发展前景，取得了相当可观的经济效益。

沙棘的生物学特征如下。

（1）根

沙棘为亚乔木，在水土丰饶的地方，就会长成乔木，相反则生长成灌木。最高的云南沙棘高达40 m，最低矮的西藏沙棘高仅0.1～0.6（0.9）m。第1年主要是主根生长，第2年主根生长缓慢，侧根大量形成，成龄植株的根系半径长达10 m以上。根的长势呈网状，有很强的固定土壤作用，根系上的生根瘤有固氮、改良土壤等作用。

（2）枝

沙棘属植物的枝序有对生、近对生、轮生、近轮生和互生等多种。根据枝条性质，可分为营养枝和结果枝。枝条开张度中等，幼枝密被鳞片或星状柔毛，老枝灰白色或灰褐色。4年生株高1.5～3 m。树干及老枝褐色，枝条坚挺，无刺或少量长棘刺。叶披针形，叶面绿色，叶背面灰白色，这是沙棘属植物的一个重要特性。

（3）叶

沙棘叶片为线形或线状披针形，长2～6 cm，两端钝尖；叶片由角质层、表皮、栅栏状组织、海绵状组织等构成。叶柄短，长1～3 mm，侧脉不明显，边缘全缘，无托叶。叶正面有银白色鳞片或星状短柔毛，绿色；叶背面密被鳞片，为灰绿色。叶在枝条上的排列为互生，有时对生或三叶轮生。在阿勒泰青河县大果沙棘良种基地调查发现，沙棘各品种在4月8日芽开始萌动，4月17日开始展叶，10月29日落叶进入冬季休眠。

（4）花

沙棘属植物的芽分为叶芽、混合芽和花芽。冬芽小，褐色或锈色。叶芽小而短，有鳞片包被，翌年萌发后成为长枝。混合芽指萌发后下部开花、上部抽枝展叶或发育成枝刺的芽；花芽是纯花芽，萌发后只开花。混合芽和花芽明显大于叶芽。沙棘为雌雄异株风媒传粉植物，花单性。叶腋中花芽分化于结实前一年发生。雄花芽分化早，雌花芽分化晚，一般在 9 月中旬至 10 月初。花芽分化定形后，雄株花芽比雌株花芽大 1～2 倍，雌花鳞片 5～10 片，雄花为 2 片，花芽大小及鳞片数量可作为区分雌雄株的标准。花期一般在 4—6 月，未授粉的柱头 3～4 天后呈带状螺旋形。

（5）果实

沙棘从开花至果实成熟需 12～15 周，坐果率达 60%～90%。沙棘的结果主要在 2年生枝及 3 年生枝上，3 年生枝上除了刺之外，几乎每个芽子上可坐果 4～8 个，且不易落果，坐果率较高。种子播出的苗 4 龄为结果期，其中，根蘖苗 3 年可进入盛果期。通过适当修剪，调节营养生长与结果的矛盾，及时使树体更新、复壮，可以延长结果年限。沙棘果实为假果类，并非仅子房发育而成，而是由花萼筒肉质化发育成为可食部分，通常只含 1 粒种子，种皮坚硬如核，所以又可称其为类核果。果实形状有扁圆形、近球形、椭圆形、柱形等，果实颜色有红色、橘红、橘黄、黄色、污棕色和污黑色等，以橙色为多，味酸甜；果柄长 1～7 mm；种子多为倒椭圆形、水滴形、椭圆形、棱形，无胚乳，胚直立，具两枚较大的肉质子叶，呈浅棕色或暗棕色，有光泽。

3.1　试验区概况

试验区域位于阿勒泰地区青河县大果沙棘良种基地，该区属于典型的大陆性温带寒冷区气候，其特点是春旱多风，夏短炎热，秋凉气爽，冬寒漫长。丘陵—平原地带平均日照时数为 2 700～3 100 h，日照充足，为绿色植物光合作用提供了丰富的能源，太阳辐射量较高，全年平均在180卡[①]/cm² 以上，年平均气温高于4℃，≥10℃的积温为 1 900～3 100℃，7 月平均气温 22℃，1 月平均气温-18℃，年较差达 40℃左右。年降水量 114～

———————————

① 1 卡=4.184 J。

191 mm，北部多，南部少，西部多，东部少，山区多，平原少。年蒸发量 1 472～2 178 mm，全年平均风速 4.5 m/s，日数达 187 d，最多年份 232 d，最少 152 d，最大风力 35.1 m/s。土壤为沙土，更接近砾石。

3.2 材料与方法

我们选用了 5 个沙棘良种作为选育研究的对象，以深秋红、阿列伊作为对照，统计 10 年内（2007—2016 年）良种及品种的株高、地径和冠幅。每个良种及品种选择 10 棵树，进行定期（每年 9 月底）的生长量观测，以调查数据为依据，计算株高及年平均生长量、地径生长量及冠幅，并根据计算结果分析树木的生长过程。生长量指树木或林木一定时间内树高、直径和材积的增长量。年平均生长量指林木在整个年龄期间每年平均生长的数量。连年生长量指林木生长进程中各年度的当年生长量。

总生长量=测量时的生长量−定植时苗木测定值

连年生长量=当年树木总生长量−上一年树木总生长量

年平均生长量=总生长量/树龄

生长率=年平均生长量/上一年总生长量×100%

3.3 结果与分析

3.3.1 树高生长趋势

沙棘在生长过程中受树种特性和立地条件影响，树高有一定的变动范围。我们观测了 10 年的沙棘生长高度情况，对试验区内 5 个沙棘良种和 2 个品种的树高进行了统计分析，结果见表 3-1～表 3-7。

3.3.1.1 新棘 1 号树高生长量情况

由表 3-1 可以看出，新棘 1 号树高总生长量从 0.401 m 长至 2.256 m，树高随树龄的增加而增加；生长率从 99% 到 10.03%，随树龄的增加而降低。

表 3-1　试验区新棘 1 号树高生长量统计

统计项	树龄/a									
	1	2	3	4	5	6	7	8	9	10
总生长量/m	0.401	0.794	1.376	2.096	2.135	2.167	2.195	2.241	2.249	2.256
连年生长量/m		0.393	0.582	0.72	0.039	0.032	0.028	0.046	0.008	0.007
平均生长量/m	0.401	0.397	0.459	0.524	0.427	0.361	0.314	0.280	0.250	0.226
生长率/%		99.00	57.77	38.08	20.37	16.92	14.47	12.76	11.15	10.03

　　由图 3-1 可以看出,新棘 1 号树高总生长量呈上升趋势,到第 4 年后增长逐渐变缓。平均生长量在第 2～5 年内增长较快,在 0.4 m/a 以上,生长最高峰出现在第 4 年,第 5 年之后增长趋势变缓。新棘 1 号连年生长量在第 2～3 年增长剧烈,第 3～4 年到达生长高峰,第 4～5 年开始剧烈下降,其后逐渐变缓,连年生长量差异不大,在第 7～8 年时略有增高后又下降。由图 3-1 还可以看出,平均生长量与连年生长量在第 4 年出现交叉,即从树高生长角度来看,新棘 1 号树高生长成熟年龄是在第 4～5 年。

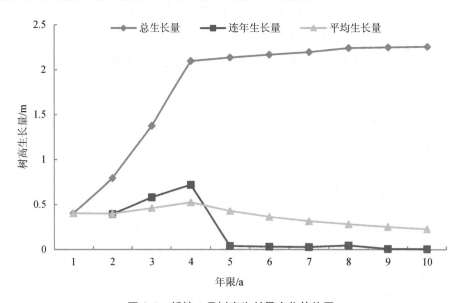

图 3-1　新棘 1 号树高生长量变化趋势图

3.3.1.2 新棘 2 号树高生长量情况

由表 3-2 可以看出，新棘 2 号树高总生长量从 0.397 m 长至 2.239 m，树高随树龄的增加而增加；生长率从 94.96% 到 10.03%，随树龄的增加而降低。

表 3-2　试验区新棘 2 号树高生长量统计表

统计项	树龄/a									
	1	2	3	4	5	6	7	8	9	10
总生长量/m	0.397	0.753	1.582	2.102	2.121	2.135	2.162	2.215	2.232	2.239
连年生长量/m		0.356	0.829	0.52	0.019	0.014	0.027	0.053	0.017	0.007
平均生长量/m	0.397	0.377	0.527	0.526	0.424	0.356	0.309	0.277	0.248	0.224
生长率/%		94.96	69.99	33.25	20.17	16.78	14.47	12.81	11.2	10.03

由图 3-2 可以看出，新棘 2 号树高总生长量呈上升趋势，到第 4 年后增长逐渐变缓。平均生长量在第 3~5 年内增长较快，在 0.4 m/a 以上，生长最高峰出现在第 3 年，第 5 年之后增长趋势变缓。新棘 2 号连年生长量第 2~3 年增长剧烈，达到其生长高峰，第 3~4 年开始下降，第 5~6 年下降逐渐变缓，第 7~8 年时略有增高后又下降。由图 3-2 还可以看出，新棘 2 号平均生长量与连年生长量在第 4 年出现交叉，即从树高生长角度来看，新棘 2 号树高生长成熟年龄是在第 4 年。

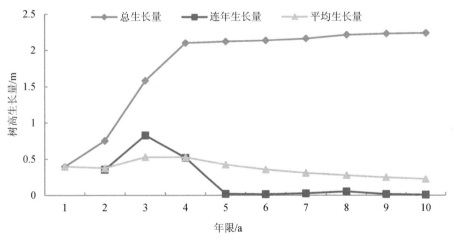

图 3-2　新棘 2 号树高生长量变化趋势图

3.3.1.3 新棘 3 号树高生长量情况

由表 3-3 可以看出，新棘 3 号树高总生长量从 0.462 m 长至 2.756 m，树高随树龄的增加而增加；生长率从 100.8% 到 10.1%，随树龄的增加而降低。

表 3-3 试验区新棘 3 号树高生长量统计表

统计项	树龄/a									
	1	2	3	4	5	6	7	8	9	10
总生长量/m	0.462	0.931	1.53	2.347	2.386	2.412	2.454	2.703	2.732	2.756
连年生长量/m		0.469	0.599	0.817	0.039	0.026	0.042	0.249	0.029	0.024
平均生长量/m	0.462	0.466	0.510	0.587	0.477	0.402	0.351	0.338	0.304	0.276
生长率/%		100.8	54.8	38.3	20.3	16.8	14.5	13.8	11.2	10.1

由图 3-3 可以看出，新棘 3 号树高总生长量呈上升趋势，到第 4 年后增长逐渐变缓，到第 8 年时有小幅度的升高，后又逐渐变缓。平均生长量在第 2～6 年内增长较快，在 0.4 m/a 以上，生长最高峰出现在第 4 年，第 4 年之后增长趋势逐渐变缓。新棘 3 号连年生长量在第 2～4 年增长较快，第 3～4 年到达生长高峰，第 4～5 年开始增长量剧烈下降，其后逐渐变缓，在第 7～8 年时有明显增加趋势，后又逐渐下降变缓。由图 3-3 还可以看出，平均生长量与连年生长量在第 4 年出现交叉，即从树高生长角度来看，新棘 3 号树高生长成熟年龄是在第 4 年。

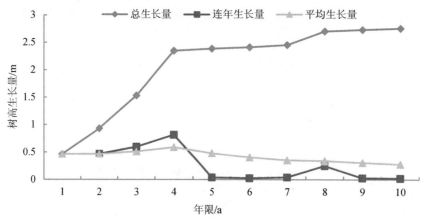

图 3-3 新棘 3 号树高生长量变化趋势图

3.3.1.4 新棘 4 号树高生长量情况

由表 3-4 可以看出,新棘 4 号树高总生长量从 0.432 m 长至 2.902 m,树高随树龄的增加而增加;生长率从 114.1%到 10.4%,随树龄的增加而降低。

表 3-4 试验区新棘 4 号树高生长量统计表

统计项	树龄/a									
	1	2	3	4	5	6	7	8	9	10
总生长量/m	0.432	0.886	1.352	2.359	2.547	2.599	2.634	2.755	2.782	2.902
连年生长量/m		0.454	0.466	1.007	0.568	0.052	0.035	0.121	0.027	0.12
平均生长量/m	0.432	0.493	0.451	0.590	0.509	0.433	0.376	0.344	0.309	0.290
生长率/%		114.1	45.7	43.6	21.6	17.0	14.5	13.1	11.2	10.4

由图 3-4 可以看出,新棘 4 号树高总生长量呈上升趋势,到第 4 年后增长逐渐变缓。平均生长量在第 2~6 年内增长较快,在 0.4 m/a 以上,在第 4 年的时候达到了峰值,植株树体高大,第 6 年之后增长趋势变缓。平均增长量曲线整体较为平缓。连年生长量在第 3~4 年增长剧烈,达其生长高峰 1.007 m,到第 4~5 年下降逐渐变缓,在第 7~8 年时略有增高,后又下降。由图 3-4 还可以看出,新棘 4 号平均生长量与连年生长量在第 5 年出现交叉,即从树高生长角度来看,新棘 4 号树高生长成熟年龄是在第 5 年。

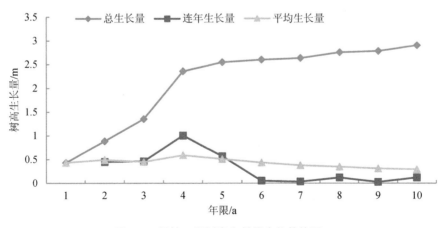

图 3-4 新棘 4 号树高生长量变化趋势图

3.3.1.5 深秋红树高生长量情况

由表 3-5 可以看出，深秋红树高总生长量从 0.317 m 长至 1.893 m，树高随树龄的增加而增加；生长率从 110.1% 到 10.04%，随树龄的增加而降低。

表 3-5　试验区深秋红树高生长量统计表

统计项	树龄/a									
	1	2	3	4	5	6	7	8	9	10
总生长量/m	0.317	0.697	1.084	1.635	1.662	1.698	1.721	1.854	1.882	1.893
连年生长量/m		0.38	0.387	0.551	0.027	0.036	0.023	0.133	0.028	0.011
平均生长量/m	0.317	0.349	0.361	0.409	0.332	0.283	0.246	0.232	0.209	0.189
生长率/%		110.1	51.8	37.7	20.3	17.0	14.5	13.5	11.3	10.04

由图 3-5 可以看出，深秋红树高总生长量呈上升趋势，第 1～4 年增长迅速，到第 4 年后增长逐渐变缓，第 8 年时较前后两年略有提高。平均生长量总的变化曲线较平缓，第 4 年到达生长高峰。连年生长量在生长初期第 1～3 年内增长趋势缓慢，第 3～4 年增长剧烈，达其生长高峰，在第 7～8 年又有明显的提高，后又逐渐下降变缓。由图 3-5 还可以看出，平均生长量与连年生长量在第 4 年出现交叉，即从树高生长角度来看，深秋红树高生长成熟年龄是在第 4 年。

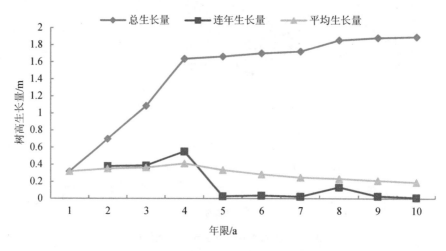

图 3-5　深秋红树高生长量变化趋势图

3.3.1.6 新棘5号树高生长量情况

由表3-6可以看出，新棘5号树高总生长量从0.291 m长至1.625 m，树高随树龄的增加而增加；生长率从100.9%到10.5%，随树龄的增加而降低。

表3-6 试验区新棘5号树高生长量统计表

统计项	树龄/a									
	1	2	3	4	5	6	7	8	9	10
总生长量/m	0.291	0.587	0.922	1.384	1.416	1.444	1.468	1.522	1.552	1.625
连年生长量/m		0.296	0.335	0.462	0.032	0.028	0.024	0.054	0.03	0.013
平均生长量/m	0.291	0.294	0.307	0.346	0.283	0.241	0.210	0.190	0.172	0.163
生长率/%		100.9	52.4	37.5	20.5	17.0	14.5	13.0	11.3	10.5

由图3-6可以看出，新棘5号树高总生长量呈上升趋势，第1~4年增长迅速，到第4年后增长逐渐变缓。平均生长量总的变化曲线较平缓，第4年到达生长高峰，为0.346 m。连年生长量在生长初期第1~3年内增长趋势缓慢，第3~4年达其生长高峰，第4~5年开始下降，第5~6年下降较平缓。由图3-6还可以看出，平均生长量与连年生长量在第4~5年出现交叉，即从树高生长角度来看，新棘5号树高生长成熟年龄是在第4~5年。

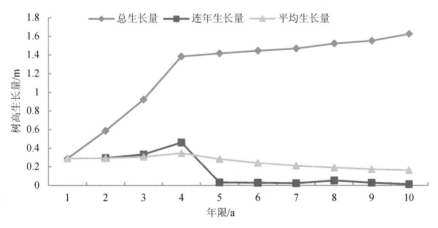

图3-6 新棘5号树高生长量变化趋势图

3.3.1.7 阿列伊树高生长量情况

由表 3-7 可以看出,阿列伊树高总生长量从 0.259 m 长至 1.587 m,树高随树龄的增加而增加,第 1 年总生长量较雌株低。生长率从 109.1%到 10.2%,随树龄的增加而降低。

表 3-7 试验区阿列伊树高生长量统计表

统计项	树龄/a									
	1	2	3	4	5	6	7	8	9	10
总生长量/m	0.259	0.565	0.93	1.328	1.386	1.419	1.446	1.523	1.556	1.587
连年生长量/m		0.306	0.365	0.398	0.058	0.033	0.027	0.077	0.033	0.031
平均生长量/m	0.259	0.283	0.310	0.332	0.277	0.237	0.207	0.190	0.173	0.159
生长率/%		109.1	54.9	35.7	20.9	17.1	14.6	13.2	11.4	10.2

由图 3-7 可以看出,阿列伊树高总生长量呈上升趋势,第 1~4 年增长迅速,到第 4 年后增长逐渐变缓。平均生长量总的变化曲线较平缓,第 4 年到达生长高峰,为 0.398 m。连年生长量在生长初期第 1~4 年内增长趋势缓慢,增长量在 0.3 m/a 以上,未达到 0.4 m 以上,第 3~4 年达其生长高峰,第 4~5 年开始下降,在第 7~8 年又略有提高。由图 3-7 还可以看出,平均生长量与连年生长量在第 4~5 年出现交叉,即从树高生长角度来看,阿列伊树木成熟年龄是在第 4~5 年。

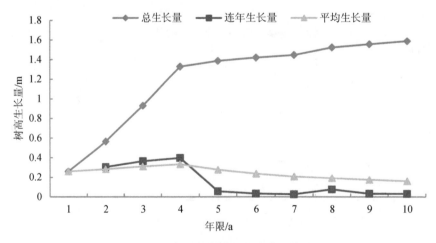

图 3-7 阿列伊树高生长量变化趋势图

3.3.1.8　沙棘良种树高生长量小结

对 5 个沙棘良种（新棘 1～5 号）和 2 个沙棘品种（深秋红、阿列伊）统计 10 年内（2007—2016 年）株高生长情况，结果如下。

①5 个沙棘良种和 2 个沙棘品种的树高均随树龄的增加而增高，生长率则随树龄的增加而降低。连年生长量和平均生长量总的发展趋势都是先增加，到达生长高峰，然后逐年降低，符合一般灌木林的生长规律。

②经统计分析，5 个沙棘良种和 2 个沙棘品种树高速生期一般都出现在第 2～4 年，除新棘 2 号外，其余良种与对照品种一致，均是树高平均生长量在第 1 年内增长缓慢，在第 2～4 年内迅速增长，第 4 年到达生长高峰。新棘 2 号是在第 3 年到达生长高峰。

③经统计分析，新棘 1 号、新棘 3 号、新棘 4 号、新棘 5 号和 2 个对照品种树高连年生长量在生长初期第 1 年内增长趋势缓慢，第 2～3 年增长剧烈，第 3～4 年到达其生长高峰。新棘 2 号是在第 2～3 年到达生长高峰。在统计中发现，5 个沙棘良种和 2 个对照品种连年生长量在第 7～8 年均较前后两年有所提高，其中新棘 3 号、深秋红、新棘 5 号提高得较为显著，调查发现，这得益于当年水肥管理措施到位、气候环境适宜，这表明水肥、气候（降雨）在一定程度内可调控树高生长。

④经统计分析，新棘 1 号、新棘 3 号、新棘 5 号和 2 个对照品种树高平均生长量与连年生长量在第 4～5 年出现交叉。新棘 2 号平均生长量与连年生长量在第 4 年出现交叉。新棘 4 号平均生长量与连年生长量在第 5 年出现交叉，即从树高生长角度来看，新棘 4 号树高生长成熟年龄是在第 5 年。这表明，不同沙棘品种（良种）树高生长成熟年龄不同，在栽培中面应予适当考虑。

3.3.2　地径生长趋势

我们观测了 10 年的沙棘地径生长情况，对试验区内 5 个沙棘良种和 2 个品种的地径进行了测量，计算出总生长量，其规律见表 3-8～表 3-14。

3.3.2.1　新棘 1 号地径生长量情况

由表 3-8 可以看出，新棘 1 号地径总生长量从 0.36 cm 长至 6.56 cm，随树龄的增加而增加；生长率从 197.22% 到 10.12%，随树龄的增加而降低。相比树高，地径平均生长量高峰出现晚，符合一般灌木林的生长规律。

表 3-8　试验区新棘 1 号地径生长量统计表

统计项	树龄/a									
	1	2	3	4	5	6	7	8	9	10
总生长量/cm	0.36	1.42	2.65	4.24	5.34	5.51	6.19	6.34	6.48	6.56
连年生长量/cm		1.06	1.23	1.59	1.1	0.17	0.68	0.15	0.14	0.08
平均生长量/cm	0.36	0.71	0.88	1.06	1.07	0.92	0.88	0.79	0.72	0.66
生长率/%		197.22	62.21	40.00	25.19	17.20	16.05	12.80	11.36	10.12

由图 3-8 可以看出，地径总生长量呈上升趋势，第 1～5 年增长迅速，第 5 年后增长逐渐变缓。地径平均生长量在第 1～5 年逐渐上升，5 年后缓慢下降，总体趋势较为平缓，高峰出现在第 5 年，平均生长量为 1.07 cm，较树高平均生长量高峰晚 1 年。地径连年生长量出现两次生长高峰，第一次出现在第 4 年，连年生长量为 1.59 cm，第二次出现在第 7 年，连年生长量为 0.68 cm，但从生长率数据可以看出，连年生长量在第 5 年后发展趋势逐渐减缓。地径的速生期是在第 2～5 年。另外，两种生长量大约在第 5 年发生相交，所以从地径生长的角度来看，新棘 1 号地径生长成熟年龄大约是在第 5 年。

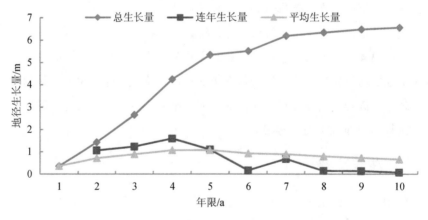

图 3-8　新棘 1 号地径生长量变化趋势图

3.3.2.2　新棘 2 号地径生长量情况

由表 3-9 可以看出，新棘 2 号地径总生长量从 0.38 cm 长至 6.69 cm，随树龄的增加而增加；生长率从 134.21%到 10.17%，随树龄的增加而降低。相比树高，地径平均生长量高峰出现晚，符合一般灌木林的生长规律。

表 3-9　试验区新棘 2 号地径生长量统计表

统计项	树龄/a									
	1	2	3	4	5	6	7	8	9	10
总生长量/cm	0.38	1.02	3.29	4.54	5.02	5.46	6.23	6.41	6.58	6.69
连年生长量/cm		0.64	2.27	1.25	0.48	0.44	0.77	0.18	0.17	0.11
平均生长量/cm	0.38	0.51	1.10	1.14	1.00	0.91	0.89	0.80	0.73	0.67
生长率/%		134.21	107.52	34.50	22.11	18.13	16.30	12.86	11.41	10.17

由图 3-9 可以看出，地径总生长量呈上升趋势，第 1～4 年增长迅速，第 4 年后增长逐渐变缓。地径平均生长量在第 1～4 年逐渐上升，第 4 年后缓慢下降，总体趋势较为平缓，高峰出现在第 4 年，平均生长量为 1.14 cm，较树高平均生长量高峰晚 1 年。地径连年生长量出现两次生长高峰，第一次出现在第 3 年，连年生长量为 2.27 cm，增长剧烈，第二次出现在第 7 年，连年生长量为 0.77 cm，但从生长率数据可以看出，连年生长量在第 4 年后发展趋势逐渐减缓。地径的速生期是在第 2～4 年。另外，两种生长量大约在第 4 年发生相交，所以从地径生长的角度来看，新棘 2 号地径生长成熟年龄大约是在第 4 年。

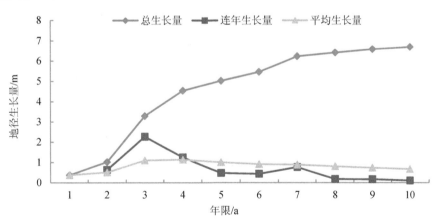

图 3-9　新棘 2 号地径生长量变化趋势图

3.3.2.3　新棘 3 号地径生长量情况

由表 3-10 可以看出，新棘 3 号地径总生长量从 0.46 cm 长至 6.85 cm，随树龄的增加而增加；生长率从 181.82% 到 10.04%，随树龄的增加而降低。

表 3-10　试验区新棘 3 号地径生长量统计表

统计项	树龄/a									
	1	2	3	4	5	6	7	8	9	10
总生长量/cm	0.46	1.68	3.21	5.46	5.98	6.21	6.67	6.78	6.82	6.85
连年生长量/cm		1.218	1.53	2.25	0.52	0.23	0.46	0.11	0.04	0.03
平均生长量/cm	0.46	0.84	1.07	1.37	1.20	1.04	0.95	0.85	0.76	0.69
生长率/%		181.82	63.69	42.52	21.90	17.31	15.34	12.71	11.18	10.04

　　由图 3-10 可以看出，地径总生长量呈上升趋势，第 1～4 年增长迅速，第 4 年后增长逐渐变缓。地径平均生长量在第 1～4 年逐渐上升，第 4 年后缓慢下降，高峰出现在第 4 年，平均生长量为 1.37 cm，与树高平均生长量高峰一致。地径连年生长量第 1～4 年均呈上升趋势，且连年增长量在 1.0 cm/a 以上，第 3～4 年增长剧烈，连年增长量出现两次生长高峰，第一次出现在第 4 年，为 2.25 cm，第二次出现在第 7 年，为 0.46 cm，但从生长率数据可以看出，连年生长量在第 4 年后发展趋势逐渐减缓。地径的速生期是在第 2～4 年。另外，两种生长量在第 4～5 年发生相交，所以从地径生长的角度来看，新棘 3 号地径生长成熟年龄是在第 4～5 年。

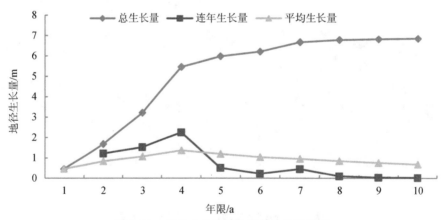

图 3-10　新棘 3 号地径生长量变化趋势图

3.3.2.4　新棘 4 号地径生长量情况

　　由表 3-11 可以看出，新棘 4 号地径总生长量从 0.46 cm 长至 6.93 cm，随树龄的增加而增加；生长率从 202.17% 到 10.06%，随树龄的增加而降低。

表 3-11　试验区新棘 4 号地径生长量统计表

统计项	树龄/a									
	1	2	3	4	5	6	7	8	9	10
总生长量/cm	0.46	1.86	3.71	5.68	6.22	6.38	6.67	6.81	6.89	6.93
连年生长量/cm		1.4	1.85	1.97	0.54	0.16	0.29	0.14	0.08	0.04
平均生长量/cm	0.46	0.93	1.24	1.42	1.24	1.06	0.95	0.85	0.77	0.69
生长率/%		202.17	66.49	38.27	21.90	17.10	14.94	12.76	11.24	10.06

　　由图 3-11 可以看出，地径总生长量呈上升趋势，第 1～4 年增长迅速，第 4 年后增长逐渐变缓。地径平均生长量在第 1～4 年逐渐上升，第 4 年后缓慢下降，总体趋势较为平缓，高峰出现在第 4 年，平均生长量为 1.42 cm，与树高平均生长量高峰一致。地径连年生长量第 2～3 年、第 3～4 年增长在 1.0 cm/a 以上，增长较为平缓，第 4～5 年后开始下降。新棘 4 号连年生长量出现两次生长高峰，第一次出现在第 4 年，为 1.97 cm，第二次出现在第 7 年，为 0.29 cm，但从生长率数据可以看出，连年生长量在第 4 年后发展趋势逐渐减缓。地径的速生期是在第 2～4 年。另外，两种生长量在第 4～5 年间发生相交，所以从地径生长的角度来看，新棘 4 号地径生长成熟年龄是在第 4～5 年。

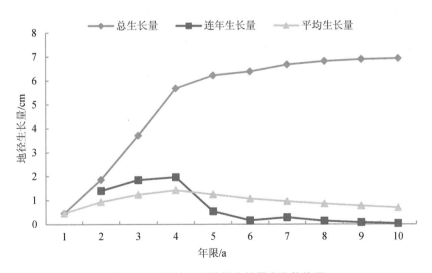

图 3-11　新棘 4 号地径生长量变化趋势图

3.3.2.5 深秋红地径生长量情况

由表 3-12 可以看出，深秋红地径总生长量从 0.31 cm 长至 5.92 cm，随树龄的增加而增加；生长率从 217.74%到 10.09%，随树龄的增加而降低。相比树高，地径平均生长量高峰出现晚，符合一般灌木林的生长规律。

表 3-12　试验区深秋红地径生长量统计表

统计项	树龄/a									
	1	2	3	4	5	6	7	8	9	10
总生长量/cm	0.31	1.35	2.62	4.09	5.17	5.36	5.68	5.79	5.87	5.92
连年生长量/cm		1.04	1.27	1.47	1.08	0.19	0.32	0.11	0.08	0.05
平均生长量/cm	0.31	0.68	0.87	1.02	1.03	0.89	0.81	0.72	0.65	0.59
生长率/%		217.74	64.69	39.03	25.28	17.28	15.14	12.74	11.26	10.09

由图 3-12 可以看出，地径总生长量呈上升趋势，第 1～5 年增长迅速，第 5 年后增长逐渐变缓。地径平均生长量在第 1～5 年逐渐上升，第 5 年后缓慢下降，总体趋势较为平缓，高峰出现在第 5 年，平均生长量为 1.03 cm，较树高平均生长量高峰晚 1 年。地径连年生长量出现两次生长高峰，第一次出现在第 4 年，为 1.47 cm，第二次出现在第 7 年，为 0.32 cm，但从生长率数据可以看出，连年生长量在第 5 年后发展趋势逐渐减缓。地径的速生期是在第 2～5 年。另外，两种生长量大约在第 5 年发生相交，所以从地径生长的角度来看，深秋红地径生长成熟年龄大约是在第 5 年。

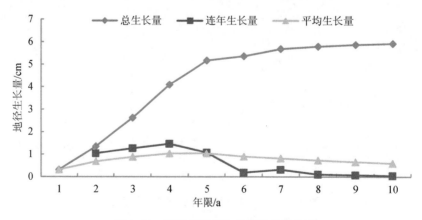

图 3-12　深秋红地径生长量变化趋势图

3.3.2.6 新棘 5 号地径生长量情况

由表 3-13 可以看出，新棘 5 号地径总生长量从 0.24 cm 长至 5.71 cm，随树龄的增加而增加；生长率从 204.17% 到 10.12%，随树龄的增加而降低。相比树高，地径平均生长量高峰出现晚，符合一般灌木林的生长规律。

表 3-13　试验区新棘 5 号地径生长量统计表

统计项	树龄/a									
	1	2	3	4	5	6	7	8	9	10
总生长量/cm	0.24	0.98	2.02	3.42	4.38	4.58	5.24	5.49	5.64	5.71
连年生长量/cm		0.74	1.04	1.4	0.96	0.2	0.66	0.25	0.15	0.07
平均生长量/cm	0.24	0.49	0.67	0.86	0.88	0.76	0.75	0.69	0.63	0.57
生长率/%		204.17	68.71	42.33	25.61	17.43	16.34	13.10	11.41	10.12

由图 3-13 可以看出，地径总生长量呈上升趋势，第 1～5 年增长迅速，第 5 年后增长逐渐变缓，第 7 年增加幅度略有提高。地径平均生长量在第 1～5 年逐渐上升，第 5 年后缓慢下降，总体趋势较为平缓，高峰出现在第 5 年，为 0.88 cm，较树高平均生长量高峰晚 1 年。地径连年生长量出现两次生长高峰，第一次出现在第 4 年，为 1.4 cm，第二次出现在第 7 年，为 0.66 cm，但从生长率数据可以看出，连年生长量在第 5 年后发展趋势逐渐减缓。地径的速生期是在第 2～5 年。另外，两种生长量大约在第 5 年发生相交，所以从地径生长的角度来看，新棘 5 号地径生长成熟年龄大约是在第 5 年。

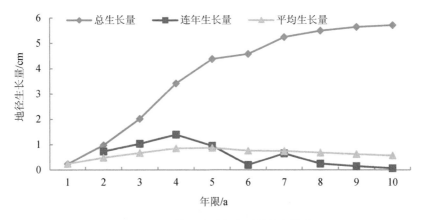

图 3-13　新棘 5 号地径生长量变化趋势图

3.3.2.7　阿列伊地径生长量情况

由表 3-14 可以看出，阿列伊地径总生长量从 0.29 cm 长至 5.52 cm，随树龄的增加而增加；生长率从 146.55% 到 10.51%，随树龄的增加而降低。相比树高，地径平均生长量高峰出现晚，符合一般灌木林的生长规律。

表 3-14　试验区阿列伊地径生长量统计表

统计项	树龄/a									
	1	2	3	4	5	6	7	8	9	10
总生长量/cm	0.29	0.85	1.53	2.93	3.72	4.01	4.57	4.92	5.25	5.52
连年生长量/cm		0.56	0.68	1.4	0.79	0.29	0.56	0.35	0.33	0.27
平均生长量/cm	0.29	0.43	0.51	0.73	0.74	0.67	0.65	0.62	0.58	0.55
生长率/%		146.55	60.00	47.88	25.39	17.97	16.28	13.46	11.86	10.51

由图 3-14 可以看出，阿列伊地径总生长量呈上升趋势，第 1~5 年增长迅速，第 5 年后增长逐渐变缓。地径平均生长量在第 1~5 年逐渐上升，第 5 年后缓慢下降，总体趋势较为平缓，高峰出现在第 5 年，为 0.74 cm，较树高平均生长量高峰晚 1 年。地径连年生长量第 2~3 年增长较缓，第 3~4 年增长剧烈，连年生长量出现两次生长高峰，第一次出现在第 4 年，为 1.4 cm，第二次出现在第 7 年，为 0.56 cm，但从生长率数据可以看出，连年生长量在第 5 年后发展趋势逐渐减缓。地径的速生期是在第 2~5 年。另外，两种生长量大约在第 5 年发生相交，所以从地径生长的角度来看，阿列伊地径生长成熟年龄大约是在第 5 年。

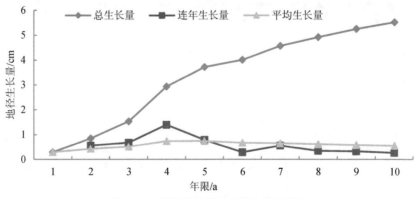

图 3-14　阿列伊地径生长量变化趋势图

3.3.2.8 沙棘地径生长量变化趋势小结

对 5 个沙棘良种和 2 个沙棘品种统计 10 年（2007—2016 年）地径生长情况，小结如下。

①5 个沙棘良种和 2 个沙棘品种地径总生长量均随树龄的增加而增高，新棘 1 号、新棘 5 号与 2 个对照品种变化趋势一致，均在第 2～5 年增长迅速，第 5 年后增长逐渐变缓，相比树高，地径平均生长量高峰出现晚，符合一般灌木林的生长规律。新棘 2 号、新棘 3 号和新棘 4 号均在第 2～4 年增长迅速，第 4 年后增长逐渐变缓。5 个沙棘良种和 2 个沙棘品种地径生长率均随树龄的增加而降低。

②新棘 1 号、新棘 5 号与 2 个对照品种速生期一般都出现在第 2～5 年，地径平均生长量在第 1～5 年逐渐上升，第 5 年后缓慢下降，总体趋势较为平缓，高峰出现在第 5 年，较树高平均生长量高峰晚 1 年。新棘 2 号、新棘 3 号和新棘 4 号速生期一般都出现在第 2～4 年，地径平均生长量在第 1～4 年逐渐上升，4 年后缓慢下降，总体趋势较为平缓，高峰出现在第 4 年，新棘 3 号和新棘 4 号地径平均生长量与树高平均生长量高峰一致，新棘 2 号地径平均生长量较树高平均生长量高峰晚 1 年。

③地径连年生长量均出现了两次高峰，除新棘 2 号外，第一次出现在第 4 年，第二次出现在第 7 年，但从生长率数据可以看出，连年生长量在第 4 年后发展趋势逐渐减缓。新棘 2 号连年生长量高峰第一次出现在第 3 年，第二次出现在第 7 年。

④新棘 1 号、新棘 5 号和对照品种的地径生长趋势一致，平均生长量和连年生长量在第 4～5 年发生相交，所以从地径生长的角度来看，地径生长成熟年龄是在第 5 年。新棘 2 号两种生长量大约在第 4 年发生相交，所以从地径生长的角度来看，新棘 2 号地径生长成熟年龄是在第 4 年。新棘 3 号和新棘 4 号两种生长量在第 4～5 年发生相交，所以从地径生长的角度来看，新棘 3 号和新棘 4 号地径生长成熟年龄是在第 4～5 年。

⑤综合分析，5 个沙棘良种和 2 个沙棘品种地径在前 5 年内生长比较迅速，5 年后逐渐变缓，总生长量、平均生长量和连年生长量上峰值年龄的差异是受树种特性影响，有一定的变动范围。

3.3.3 冠幅生长趋势

通过对试验区 5 个沙棘良种和 2 个对照品种的冠幅进行测量，得出沙棘冠幅生长规律，利用冠幅大小可以计算出每公顷栽植沙棘密度，结果见表 3-15～表 3-23。

3.3.3.1　新棘 1 号冠幅生长量情况

由表 3-15 可以看出，新棘 1 号冠幅从 0.302 m 长至 2.247 m，随树龄的增加而增加；冠幅生长率从 126.49% 到 10.03%，随树龄的增加而降低。

表 3-15　试验区新棘 1 号冠幅生长量统计表

统计项	树龄/a									
	1	2	3	4	5	6	7	8	9	10
总生长量/m	0.302	0.764	1.278	1.976	2.082	2.124	2.163	2.232	2.241	2.247
连年生长量/m		0.462	0.514	0.698	0.106	0.042	0.039	0.069	0.009	0.006
平均生长量/m	0.302	0.382	0.426	0.494	0.416	0.354	0.309	0.279	0.249	0.225
生长率/%		126.49	55.76	38.65	21.07	17.00	14.55	12.90	11.16	10.03

由图 3-15 可以看出，新棘 1 号冠幅生长呈上升趋势，第 1～4 年增长迅速，第 4 年后增长逐渐变缓。冠幅平均生长量在 1～4 年逐渐上升，第 4 年后缓慢下降，总体趋势较为平缓，高峰出现在第 4 年，为 0.494 m。冠幅连年生长量在第 2～3 年增长较缓，在第 3～4 年增长剧烈，第 4 年达到高峰，第 4～5 年后增长开始变缓。冠幅连年生长量出现两次高峰，第一次出现在第 4 年，为 0.698 m，第二次出现在第 8 年，为 0.069 cm。但从生长率数据可以看出，连年生长量在第 5 年后发展趋势逐渐减缓。冠幅的速生期是在 2～5 年。由图 3-15 还可以看出，平均生长量与连年生长量在第 4～5 年出现交叉，即从冠幅生长角度来看，新棘 1 号冠幅生长成熟年龄是在第 4～5 年。总体规律与新棘 1 号树高生长规律一致。

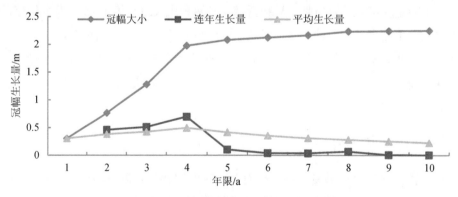

图 3-15　新棘 1 号冠幅生长量变化趋势图

3.3.3.2 新棘 2 号冠幅生长量情况

由表 3-16 可以看出，新棘 2 号冠幅从 0.328 m 长至 2.347 m，随树龄的增加而增加；冠幅生长率从 124.39%到 10.07%，随树龄的增加而降低。

表 3-16 试验区新棘 2 号冠幅生长量统计表

统计项	树龄/a									
	1	2	3	4	5	6	7	8	9	10
总生长量/m	0.328	0.816	1.613	2.156	2.197	2.226	2.253	2.312	2.33	2.347
连年生长量/m		0.488	0.797	0.543	0.041	0.029	0.027	0.059	0.018	0.017
平均生长量/m	0.328	0.408	0.537 7	0.539	0.439 4	0.371	0.321 9	0.289	0.258 9	0.234 7
生长率/%		124.39	65.89	33.42	20.38	16.89	14.46	12.83	11.20	10.07

由图 3-16 可以看出，新棘 2 号冠幅生长呈上升趋势，第 1～4 年增长迅速，第 4 年后增长逐渐变缓。冠幅平均生长量在第 1～4 年逐渐上升，第 4 年后缓慢下降，总体趋势较为平缓，高峰出现在第 4 年，为 0.539 m。冠幅连年生长量在第 2～3 年增长剧烈，第 3 年达到高峰，第 3～4 年后增长开始变缓。冠幅连年生长量出现两次高峰，第一次出现在第 3 年，为 0.797 m，第二次出现在第 8 年，为 0.059 m。但从生长率数据可以看出，连年生长量在第 4 年后发展趋势逐渐减缓。冠幅的速生期是 2～4 年。由图 3-16 还可以看出，平均生长量与连年生长量在第 4 年出现交叉，即从冠幅生长角度来看，新棘 2 号冠幅生长成熟年龄是在第 3～4 年。总体规律与新棘 2 号树高生长规律基本一致。

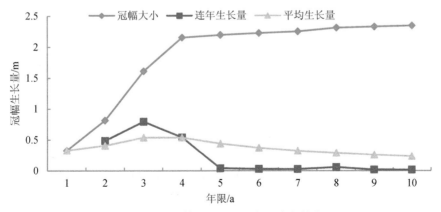

图 3-16 新棘 2 号冠幅生长量变化趋势图

3.3.3.3 新棘 3 号冠幅生长量情况

由表 3-17 可以看出，新棘 3 号冠幅从 0.523 m 长至 2.594 m，随树龄的增加而增加；冠幅生长率从 89.10%到 10.03%，随树龄的增加而降低。

表 3-17　试验区新棘 3 号冠幅生长量统计表

统计项	树龄/a									
	1	2	3	4	5	6	7	8	9	10
总生长量/m	0.523	0.932	1.602	2.432	2.476	2.497	2.532	2.576	2.587	2.594
连年生长量/m		0.409	0.67	0.83	0.044	0.021	0.035	0.044	0.011	0.007
平均生长量/m	0.523	0.466	0.534	0.608	0.495	0.416	0.362	0.322	0.287	0.259
生长率/%		89.10	57.30	37.95	20.36	16.81	14.49	12.72	11.16	10.03

由图 3-17 可以看出，新棘 3 号冠幅大小生长呈上升趋势，第 1～4 年增长迅速，第 4 年后增长逐渐变缓。冠幅平均生长量在第 1～4 年逐渐上升，第 4 年后缓慢下降，总体趋势较为平缓，高峰出现在第 4 年，为 0.608 m。冠幅连年生长量在第 2～3 年、3～4 年增长较快，第 4 年达到高峰，为 0.83 m，第 4～5 年后增长开始变缓。从生长率数据可以看出，连年生长量在第 5 年后发展趋势逐渐减缓。冠幅的速生期是在第 2～4 年。由图 3-17 还可以看出，平均生长量与连年生长量在第 4～5 年出现交叉，即从冠幅生长角度来看，新棘 3 号冠幅生长成熟年龄是在第 4～5 年。总体规律与新棘 3 号树高生长规律一致。

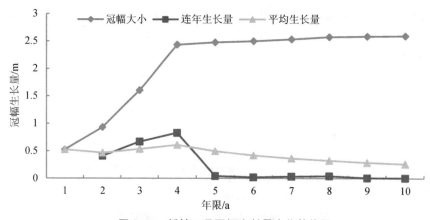

图 3-17　新棘 3 号冠幅生长量变化趋势图

3.3.3.4　新棘4号冠幅生长量情况

由表3-18可以看出，新棘4号冠幅从0.513 m长至2.901 m，随树龄的增加而增加；冠幅生长率从107.41%到10.09%，随树龄的增加而降低。

表3-18　试验区新棘4号冠幅生长量统计表

统计项	树龄/a									
	1	2	3	4	5	6	7	8	9	10
总生长量/m	0.513	1.102	1.786	2.702	2.736	2.764	2.786	2.837	2.875	2.901
连年生长量/m		0.589	0.684	0.916	0.034	0.028	0.022	0.051	0.038	0.026
平均生长量/m	0.513	0.551	0.595	0.676	0.547	0.461	0.398	0.355	0.319	0.290
生长率/%		107.41	54.02	37.82	20.25	16.84	14.40	12.73	11.26	10.09

由图3-18可以看出，新棘4号冠幅生长呈上升趋势，第1～4年增长迅速，第4年后增长逐渐变缓。冠幅平均生长量在第1～4年逐渐上升，第4年后缓慢下降，总体趋势较为平缓，高峰出现在第4年，为0.676 m。冠幅连年生长量在第3～4年均增长较快，第4年达到高峰，为0.916 m，第4～5年后增长开始变缓。从生长率数据可以看出，冠幅连年生长量在第5年后发展趋势逐渐减缓。冠幅的速生期是在2～5年。由图3-18还可以看出，冠幅平均生长量与连年生长量在第4～5年出现交叉，即从冠幅生长角度来看，新棘4号冠幅生长成熟年龄是在第4～5年。总体规律与新棘4号树高生长规律一致。

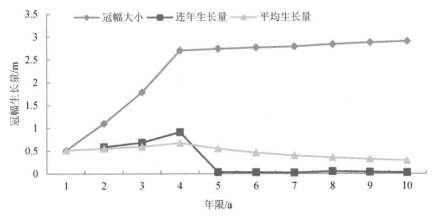

图3-18　新棘4号冠幅生长量变化趋势图

3.3.3.5 深秋红冠幅生长量情况

由表 3-19 可以看出，深秋红冠幅从 0.331 m 长至 2.167 m，随树龄的增加而增加；冠幅生长率从 112.08%到 10.12%，随树龄的增加而降低。

表 3-19 试验区深秋红冠幅生长量统计表

统计项	树龄/a									
	1	2	3	4	5	6	7	8	9	10
总生长量/m	0.331	0.742	1.169	1.824	1.865	1.902	1.936	2.107	2.142	2.167
连年生长量/m		0.411	0.427	0.655	0.041	0.037	0.034	0.171	0.035	0.025
平均生长量/m	0.331	0.371	0.390	0.456	0.373	0.317	0.277	0.263	0.238	0.217
生长率/%		112.08	52.52	39.01	20.45	17.00	14.54	13.60	11.30	10.12

由图 3-19 可以看出，深秋红冠幅生长呈上升趋势，第 1～4 年增长迅速，第 4 年后增长逐渐变缓。冠幅平均生长量在第 1～4 年逐渐上升，第 4 年后缓慢下降，总体趋势较为平缓，高峰出现在第 4 年，为 0.456 m。冠幅连年生长量第 3～4 年增长较快，第 4 年达到高峰。连年生长量出现两个高峰，第一次出现在第 4 年，为 0.655 m，第二次出现在第 8 年，为 0.171 cm。连年生长量第 4～5 年后增长开始变缓。从生长率数据可以看出，连年生长量在第 5 年后发展趋势逐渐减缓。冠幅的速生期是在 2～5 年。由图 3-19 还可以看出，平均生长量与连年生长量在第 4～5 年出现交叉，即从冠幅生长角度来看，深秋红冠幅生长成熟年龄是在第 4～5 年。总体规律与深秋红树高生长规律一致。

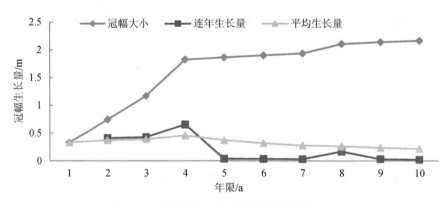

图 3-19 深秋红冠幅生长量变化趋势图

3.3.3.6 新棘 5 号冠幅生长量情况

由表 3-20 可以看出，新棘 5 号冠幅从 0.445 m 长至 2.252 m，随树龄的增加而增加；冠幅生长率从 99.10% 到 10.09%，随树龄的增加而降低。

表 3-20　试验区新棘 5 号冠幅生长量统计表

统计项	树龄/a									
	1	2	3	4	5	6	7	8	9	10
总生长量/m	0.445	0.882	1.346	1.927	2.032	2.11	2.145	2.203	2.231	2.252
连年生长量/m		0.437	0.464	0.581	0.105	0.078	0.035	0.058	0.028	0.021
平均生长量/m	0.445	0.441	0.449	0.482	0.406	0.352	0.306	0.275	0.248	0.225
生长率/%		99.10	50.87	35.79	21.09	17.31	14.52	12.84	11.25	10.09

由图 3-20 可以看出，新棘 5 号冠幅生长呈上升趋势，第 1～4 年增长迅速，第 4 年后增长逐渐变缓。冠幅平均生长量在第 2～4 年逐渐上升，第 4 年后缓慢下降，总体趋势较为平缓，高峰出现在第 4 年，为 0.482 m。冠幅连年生长量在第 2～3 年均增长较缓，第 3～4 年增长剧烈，第 4 年达到高峰，连年生长量为 0.581 m，到第 8 年时，其连年生长量较前后两年略有提高。从生长率数据可以看出，连年生长量在第 5 年后发展趋势逐渐减缓。冠幅的速生期是在 2～4 年。由图 3-20 还可以看出，平均生长量与连年生长量在第 4～5 年出现交叉，即从冠幅生长角度来看，新棘 5 号冠幅生长成熟年龄是在第 4～5 年。总体规律与新棘 5 号树高生长规律一致。

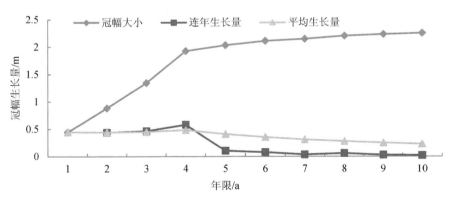

图 3-20　新棘 5 号冠幅生长量变化趋势图

3.3.3.7 阿列伊冠幅生长量情况

由表 3-21 可以看出，阿列伊冠幅从 0.467 m 长至 2.232 m，随树龄的增加而增加；冠幅生长率从 85.87% 到 10.03%，随树龄的增加而降低。

表 3-21　试验区阿列伊冠幅生长量统计表

统计项	树龄/a									
	1	2	3	4	5	6	7	8	9	10
总生长量/m	0.467	0.802	1.334	1.928	2.015	2.084	2.123	2.197	2.225	2.232
连年生长量/m		0.335	0.532	0.594	0.087	0.069	0.039	0.074	0.028	0.007
平均生长量/m	0.467	0.401	0.445	0.482	0.403	0.347	0.303	0.275	0.247	0.223
生长率/%		85.87	55.44	36.13	20.90	17.24	14.55	12.94	11.25	10.03

由图 3-21 可以看出，阿列伊冠幅生长呈上升趋势，第 1~4 年增长迅速，第 4 年后增长逐渐变缓。冠幅平均生长量在第 2~4 年逐渐上升，第 4 年后缓慢下降，总体趋势较为平缓，高峰出现在第 4 年，为 0.482 m。冠幅连年生长量第 2~3 年增长较快，第 4 年达到高峰，为 0.594 m，到第 8 年时，其连年生长量较前后两年略有提高。从生长率数据可以看出，连年生长量在第 5 年后发展趋势逐渐减缓。冠幅的速生期是在第 2~5 年。由图 3-21 还可以看出，平均生长量与连年生长量在第 4~5 年出现交叉，即从冠幅生长角度来看，阿列伊冠幅生长成熟年龄是在第 4~5 年。总体规律与阿列伊树高生长规律一致。

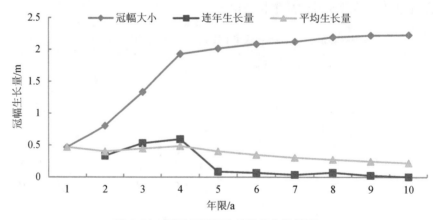

图 3-21　阿列伊冠幅生长量变化趋势图

3.3.3.8 沙棘栽植密度

根据测得的试验区内 5 个沙棘良种和 2 个对照品种 10 年的冠幅数据,我们得出了理论栽植密度,结果见表 3-22。从表中可以看出,树龄不同,单位空间可容纳的株数不同,栽植株数随着树龄的增加逐渐减少。从理论上看,采用密植渐疏式栽培是最佳模式,可尽早达产,但在现实情况下,由于受到管理和采伐的影响,不宜实施;另一方面,品种(良种)不同所表现出的规律也不尽相同。第 4 年后,栽植株数逐渐保持在 200 株/亩以下,第 7 年后,栽植株数基本趋于稳定,没有大幅度变动。在现实生产过程中,为了便于管理,行距一般不变,不能实现 100%全覆盖,因此,根据生产和管理需要,制定了沙棘合理的经营密度表(表 3-23)。

表 3-22　冠幅生长及理论栽植株数

冠幅生长过程		树龄/a									
		1	2	3	4	5	6	7	8	9	10
新棘 1 号	冠幅/m	0.302	0.764	1.278	1.976	2.082	2.124	2.163	2.232	2.241	2.247
	栽植株数/(株/亩)	7 310	1 142	408	171	154	148	143	134	133	132
新棘 2 号	冠幅/m	0.328	0.816	1.613	2.156	2.197	2.226	2.253	2.312	2.33	2.347
	栽植株数/(株/亩)	6 197	1 001	256	143	138	135	131	125	123	121
新棘 3 号	冠幅/m	0.523	0.932	1.602	2.432	2.476	2.497	2.532	2.576	2.587	2.594
	栽植株数/(株/亩)	2 437	768	260	113	109	107	104	100	100	99
新棘 4 号	冠幅/m	0.513	1.102	1.786	2.702	2.736	2.764	2.786	2.837	2.875	2.901
	栽植株数/(株/亩)	2 533	549	209	91	89	87	86	83	81	79
深秋红	冠幅/m	0.331	0.742	1.169	1.824	1.865	1.902	1.936	2.107	2.142	2.167
	栽植株数/(株/亩)	6 085	1 211	488	200	192	184	178	150	145	142
新棘 5 号	冠幅/m	0.445	0.882	1.346	1.927	2.032	2.11	2.145	2.203	2.231	2.252
	栽植株数/(株/亩)	3 367	857	368	180	161	150	145	137	134	131
阿列伊	冠幅/m	0.467	0.802	1.334	1.928	2.015	2.084	2.123	2.197	2.225	2.232
	栽植株数/(株/亩)	3 057	1 037	375	179	164	154	148	138	135	134

表 3-23 反映了沙棘合理经营密度情况，以新棘 1 号为例，树龄为 10 年时，其冠幅为 2.247 m，栽植密度为 667/（2.247×2.247）=132 株，每棵占地面积约为 5.05 m²，则理论适宜的株行距为 2.2 m×2.2 m；而在实际生产过程中，理论盖度（100%）一般很难实现，按照 80% 盖度进行计算，适宜栽植密度为 106 株/亩，株行距为 2.5 m×2.5 m。生产实践中，考虑到机械作业、人工采收、根蘖、通风透光等因素，实际株行距确定以 1.6 m×4 m 为最佳。新棘 2～5 号、深秋红、阿列伊的合理经营密度分别为 1.7 m×4 m、2.1 m×4 m、2.6 m×4 m、1.5 m×4 m、1.6 m×4 m、1.6 m×4 m。综合各种生产管理因素，沙棘栽植株行距（1.5～2.5）m×4 m 是最合理的栽培密度，可满足沙棘种植需求。

表 3-23 第 10 年合理经营密度

品种（良种）	100%盖度					80%盖度		
	冠幅/m	单株理论占地面积/m²	理论株数/株	理论株行距/m	调整株行距/m	株数/株	理论株行距/m	合理经营密度/m
新棘 1 号	2.247	5.05	132	2.2×2.2	1.3×4	106	2.5×2.5	1.6×4
新棘 2 号	2.347	5.51	121	2.3×2.3	1.4×4	97	2.6×2.6	1.7×4
新棘 3 号	2.594	6.73	99	2.6×2.6	1.7×4	79	2.9×2.9	2.1×4
新棘 4 号	2.901	8.42	79	2.9×2.9	2.1×4	63	3.2×3.2	2.6×4
深秋红	2.167	4.70	142	2.2×2.2	1.2×4	114	2.4×2.4	1.5×4
新棘 5 号	2.252	5.07	131	2.3×2.3	1.3×4	105	2.5×2.5	1.6×4
阿列伊	2.232	4.98	134	2.2×2.2	1.2×4	107	2.5×2.5	1.6×4

3.3.3.9 沙棘冠幅生长规律小结

对 5 个沙棘良种和 2 个沙棘品种统计 10 年内（2007—2016 年）冠幅生长情况，小结如下。

①5 个沙棘良种和 2 个沙棘品种冠幅均随树龄的增加而增高，均表现为第 1～4 年增长迅速，第 4 年后增长逐渐变缓。生长率则随树龄的增加而降低。连年生长量和平均生长量总的发展趋势都是先增加，到达生长高峰后逐年降低，符合一般灌木林的生长规律。

②除新棘 2 号外，其余良种与对照品种一致，冠幅速生期均出现在第 2～5 年，平均生长量在第 2～4 年逐渐上升，第 4 年后缓慢下降，总体趋势较为平缓，高峰出现在第 4 年。新棘 2 号冠幅的速生期是在第 2～4 年。

③新棘 1 号、新棘 3 号、新棘 4 号、新棘 5 号和 2 个对照品种冠幅连年生长量基本情况：生长初期第 1～2 年内增长趋势缓慢，第 2～3 年增长剧烈，第 3～4 年到达生长高峰。新棘 2 号是在第 2～3 年到达生长高峰。各良种和品种在第 8 年时也出现略微的增高，这可能与当年水肥管理措施到位、气候环境等因素影响有关。

④除新棘 2 号外，其余良种和品种从生长率数据可以看出，连年生长量在第 5 年后发展趋势逐渐减缓。平均生长量与连年生长量在第 4～5 年出现交叉，即从冠幅生长角度来看，树木成熟年龄是在第 4～5 年。新棘 2 号从生长率数据可以看出，连年生长量在第 4 年后逐渐减缓，平均生长量与连年生长量在第 4 年出现交叉，即从冠幅生长角度来看，新棘 2 号树木成熟年龄是在第 4 年。

3.4　沙棘生物学特性及生长发育规律的结论

本实验分析了 1～10 年生沙棘树高、地径、冠幅的生长规律，分析得出以下结论。

①树高、地径、冠幅生长规律：在第 1 年生长量很小，第 2～4 年为速生期，第 5～6 年开始逐渐降低，由营养生长转向生殖生长，产量逐年提升；沙棘品种（良种）不同，生长特性也不同，关键节点略有变化，这为沙棘生产管理提供了理论基础。

②在第 1 年管理的关键节点是提高成活率和保存率，加强水分供应、保障苗木充足供水是提高成活率的关键。

③在第 2～4 年管理的关键节点是提高生长量，加强水肥管理，促进树冠的扩展，构建良好的树体结构和结果框架，肥料以氮肥为主、磷钾肥为辅。通过水肥管理，可有效调控树体大小，在密植条件下，控制水肥减小树冠；稀植条件下，加大水肥扩大树冠。

④在第 5 年后，管理的关键节点是提高产量，加强水肥管理，以促进花芽分化，提高坐果和产量，以磷钾肥为主、氮肥为辅，调控营养生长和生殖生长，保障年年丰产丰收。

⑤在现实生产过程中，为便于生产和管理，行距一般不变，沙棘冠幅除随树龄增长而增长外，还受立地条件（水分和肥力）、林地光照条件和林分密度的影响，也与植株修剪密切相关，综合各种生产管理因素，沙棘栽植株行距（1.5～2.5）m×4 m 是最合理的栽培密度，可满足沙棘种植需求。

第 4 章

沙棘效益

4.1 经济效益

4.1.1 种植效益

当前就新疆而言，筛选的良种、培育的苗木，栽培模式和栽培技术的应用、采收、加工利用等产业化关键技术体系得到广泛推广和利用，新疆沙棘产业发展规模接近100.5 万亩，挂果面积每年在递增，大果沙棘在盛果期平均亩产 400 kg（净果），最高亩产达 680 kg。

根据沙棘生物学特性和生长发育，第 1~3 年为生长期，第 4 年开始大量挂果，第 5 年进入盛果期，第 17~18 年结果量下降，20 年后产果量明显下降，需要及时更新。

种植效益有以下几项：

①果实收入：亩产 400 kg（净果），市场收购价 6 元/kg，亩产值 2 400 元；

②沙棘林鲜枝叶收入：亩产 20 kg，市场收购价 4 元/kg，亩产值 80 元；

③沙棘鲜饲料收入：亩产鲜饲料 120 kg，加上林地下的草类，其饲料总量在每亩 270 kg以上，一般 1 只羊每年需要 3 600 kg 鲜草，每只羊 1 000 元，每亩养羊产值 75 元；

④薪柴收入：沙棘林可产薪柴 50 kg/（亩·a），沙棘热值高，平均为 20 315 kJ/kg，1.3 t 沙棘薪柴相当于 1 t 原煤，1 t 原煤 300 元，1 亩薪柴价值 11.5 元。

4.1.2 企业效益

4.1.2.1 沙棘加工利用概况

新疆沙棘基地的建设直接产生和引入了十几家大小型沙棘加工企业，其中包括北京汇源果汁。目前已开发 17 种沙棘产品，包括沙棘药品 6 种、沙棘保健品 11 种。

沙棘果可以用来酿酒、做饮料；沙棘籽可以做籽油胶囊；沙棘叶可做茶饮，也可成为优质饲料；修剪下来的沙棘枝条，可作为优质燃料。

4.1.2.2 沙棘加工企业效益分析

以每 1 000 kg（约 2.5 亩沙棘果产量）沙棘果实加工效益分析，每 1 000 kg 沙棘果中，包含 650 kg 原汁、15 kg 籽油、17 kg 果油、50 kg 果皮、268 kg 果渣（泥），产值为 231 650 元。

4.2　生态效益

　　沙棘是国内外公认的水土保持树种，根系发达、萌生能力强、具有固氮能力。沙棘林生态效益显著，沙棘植被可保护水资源、防风固沙、保育土壤、固碳制氧、净化环境。

　　沙棘植被保护水资源的效益包括两部分：涵养水源效益和净化水质效益。沙棘林地，由于其林冠层、枯枝落叶层和地下庞大的根系层，可拦截、分散、滞留及过滤地表径流，同时增强土壤腐殖质及水稳性团聚体含量，能起到固持土壤、减少土壤养分流失、改良土壤理化性质等保育土壤的作用。沙棘植被可改善生态环境，防止土地退化，提高土壤中有机质、速效氮和速效钾的含量，降低土壤 pH 和容重，快速显著地增加土体中＞0.25 mm 水稳性团聚体和＞50 μm 微团粒的数量，改善土壤结构，提高养分和水分的供应能力，促进土壤团粒结构形成，增加土壤的抗蚀性和抗冲性，有效减少水土流失。沙棘植被对土壤的培肥改良是一种正向持续反馈机制，时间越长，效益越显著，土壤养分的各项指标较造林前有明显的提高，使土壤免于耕垦而减缓土壤有机质的分解，增强土壤碳的积累，改变地表物质循环，使土壤性质发生明显变化。最重要的一点是沙棘耐盐碱、耐土壤瘠薄，在农业无法利用的土地上，特别是砂石、砾石戈壁等困难立地可以广泛地栽培与种植，一方面扩大造林地面积，同时增加农民的收入，具有非常广阔的应用价值。

　　本节一是以生态学为基础，以新疆地区某规划为例，侧重从技术的角度计算出各项生态效益的物质量，确定核算评价体系中各项具体功能及指标物质量大小的适当模型。二是以经济学为基础，侧重于研究物质量向货币价值量转化的具体方法，即在生态效益物质量已知的条件下，选择合适的经济转换参数实现生态效益经济的计量。经济参数的选择注重可操作性，根据区域特点及物价指数进行相应调整。同时，对于难以直接确定经济参数的生态效益，采用几种相近的方法计量，然后取其平均值。

　　由于生态功能是立体多维的，本规划仅涉及可实地观测、调查方面，尽可能采用市场价格法或工程替代的市场价格法进行测评，以使生态效益价值量的测评客观公正，减少随意性和主观性。

4.2.1　保护水资源效益

4.2.1.1　评价方法

规划实施后，在增加地表植被、提高覆盖率的基础上涵养水源，将天然降雨较多地保留在土壤中，减少了土壤的无效蒸发，易形成土壤侵蚀的暴雨地表径流入渗到土壤中转化为土壤水。规划实施后形成的沙棘林地，其地上枝叶及枯枝落叶层可拦截降水，滞留地表径流，地下的根系增大了土壤孔隙度，增强了土壤蓄水能力，同时沙棘植被本身还具有净化水质功能。因此，规划实施后，沙棘植被保护水资源的效益包括两部分：涵养水源效益和净化水质效益。

（1）涵养水源效益评价方法

有林地比无林地具有更好的拦蓄降水作用。林地涵养水量可达 55%，林带犹如巨大的水库。据测算，10 万亩的林地，相当于 200 万 m³ 水库的拦蓄能力。涵养水源是沙棘林的重要生态功能之一。

1）涵养水源物质量评价方法

目前，对森林涵养水源价值的评估方法大多是基于森林所能涵养水源的总量及水的价格进行评估。因此，有效、准确地确定涵养水源的物质量是关键。林木涵养水源的物质量估计方法常用的包括土壤蓄水量法、年径流量法、水量平衡法。国内外森林水源涵养研究的理论和实践表明，水量平衡法是计算森林水源涵养量的最佳方法，此法容易操作，只要测量蒸散量，就能得到较准确的水源涵养量。本书采用水量平衡法计算规划实施后沙棘林地涵养水源量。

森林涵养水源的总量取决于森林地带的降水量与森林地带的蒸散量及其他耗水量的差值。

$$Y_w = S \cdot (P - E - C) \cdot L \cdot 10^{-3}$$

式中：Y_w —— 林地涵养水源量，m³；

　　　　P —— 年平均降水量，mm/a；

　　　　E —— 林地年平均蒸散量，mm/a；

　　　　C —— 林地地表径流量，mm/a；

　　　　S —— 规划实施后林地效益核算面积，hm²；

L —— 水容重，取值为 1 t/m^3；

10^{-3} —— 换算系数（mm 换算为 m，hm^2 换算为 m^2）。

2）涵养水源价值评价方法

从国内外的研究来看，涵养水源价值评价大多采用"影子工程法"。因为森林涵养水源与水库蓄水的本质类似，因此，把林地拦蓄降水效益等效于一个蓄水工程的蓄水效益，采用该蓄水工程的单位修建费用或单位造价作为土壤涵养水源的价格，从而间接地估算林地涵养水源价值。

$$V_{w1} = Y_w \cdot C_r \cdot 10^{-4}$$

式中：V_{w1} —— 森林涵养水源的价值，万元；

Y_w —— 规划实施后林地涵养水源量，m^3；

C_r —— 水库单位库容的修建成本，元/m^3；

10^{-4} —— 单位换算系数（元换算为万元）。

（2）净化水质效益评价方法

森林生态系统具有良好的水质过滤效应，根据北京市林业局和北京林业大学的研究，森林拦截降水与对比试验地相比，水中溶解氧、氟化物、硝酸盐等 16 项指标的差值很大，可见森林具有明显改善水质的作用。

1）净化水质物质量评价方法

森林净化水质物质量可根据以下公式：

$$W_2 = \sum_{i=1}^{n} S_i \cdot Q_i$$

式中：W_2 —— 森林改善水质量，m^3；

S_i —— 第 i 森林类型面积，hm^2；

Q_i —— 第 i 森林类型单位面积的产水量，m^3/hm^2。

2）净化水质价值量评价方法

由于森林具有净化水质的功能，可根据工业净化水成本来计算改善水质的效益。本书直接利用涵养水源物质量与工业净化水质成本核算净化水质的价值。

$$V_{w2} = Y_w \cdot P \cdot 10^{-4}$$

式中：V_{w2} —— 森林净化水质价值，万元；

P —— 工业净化水质单位成本，元/m^3；

Y_w —— 森林涵养水源量，m^3；

10^{-4} —— 单位换算系数（元换算为万元）。

4.2.1.2 价值计算

（1）涵养水源价值（V_{w1}）

随着林草植被覆盖率的增加，森林可以消耗降雨量的70%～80%，其中林冠截留8%，森林植被吸收23%，森林土壤蓄水45%。林业和水土保持专家吴钦孝等研究发现，在黄土高原常见坡度25°条件下，有1cm厚的枯落物覆盖，径流流速可降到相当于无覆盖坡面的1/15～1/10，从而有利于降水渗入土壤。根据试验研究，最小林草植被覆盖度20%与最大林草植被覆盖度70%的径流量差值为1.38 m^3/hm^2。本规划实施后，随着林草植被覆盖度的增加，径流量呈明显减少趋势，促使了拦蓄降水量增加。

1）涵养水源量（Y_w）

阿勒泰地区多年平均降水量较小，沙棘灌木林蒸散量占降水量的88%，沙棘灌木林地表径流占降水量的0.004%。由于阿勒泰地区土层经常处于干燥状态，透水性好，大部分水分可拦蓄到土层中，林地的地表径流很小。规划实施后，林地效益核算面积为153 740 hm^2，可计算出规划实施后该工程涵养水量为：

$$Y_w = S \cdot (P - E - C) \cdot 10^{-3} \cdot L$$

阿勒泰地区工业净化水质单位成本按400元/m^3计算，那么

$$Y_w = 153\,740 \times (400 - 400 \times 88\% - 400 \times 0.004\%) \times 10^{-3} \times 1 = 7\,377 \text{ 万 } m^3$$

2）规划实施后涵养水源的价值（V_{w1}）

因为森林拦蓄水与水库蓄水的本质类似。经计算，规划实施后，林地涵养水源总量7 377万 m^3。因此，根据水库工程的蓄水成本来确定森林拦蓄水效益，即其蓄水价值应根据蓄积1 m^3水的水库建造费用为标准。据相关专家调查研究，在充分考虑到建材价格上升的因素后，得到目前单位库容造价为5.714元/m^3。规划实施后，该工程涵养水源价值为：

$$V_{w1} = Y_w \cdot C_r \times 10^{-4} = 7\,377 \times 5.714 = 42\,152 \text{ 万元}$$

（2）净化水质的价值（V_{w2}）

规划实施后，净化水质价格可根据工业净化水成本来计算改善水质效益。此计算采用周冰冰的研究成果，即每立方米的净化费用为0.988 5元。由此可计算规划实施后工程净化水质的价值，即规划实施后沙棘林地涵养水源量与净化水质价格：

$$V_{w2} = Y_w \cdot P \cdot 10^{-4} = 7\,377 \times 0.988\,5 = 7\,292 \text{ 万元}$$

（3）保护水资源价值（V_w）

规划实施后，保护水资源总价值为涵养水源价值和净化水质价值之和：

$$V_w = V_{w1} + V_{w2} = 42\,152 + 7\,292 = 49\,444 \text{ 万元}$$

4.2.2　保育土壤效益评价

4.2.2.1　评价方法

沙棘植被保育土壤效益主要从减少土壤侵蚀效益、减少泥沙淤积效益、减少养分流失等方面加以考虑。

当前森林土壤保持效益评价步骤为：首先，确定森林减少土壤侵蚀量，核算森林减少土壤侵蚀的价值；其次，根据计量出的森林保土量分别核算森林减少土壤肥力流失、减少泥沙淤积和培育土壤的价值；最后，把各项功能的价值加总。在核算每种具体功能的价值时，森林减少土壤侵蚀量是不可或缺的因子，森林减少土壤侵蚀量是核算森林土壤保持价值的基础，是核算体系的关键变量。

（1）森林减少土壤侵蚀物质量评价方法

目前，根据国内外森林保护土壤的研究方法和成果，有两种方法可以计算森林减少土壤侵蚀的总量：

①用无林地与有林地的土壤侵蚀差异来计算，即由无林地与有林地的土壤侵蚀模数之差与相对应的森林面积可算出森林保护土壤量。

②用无林地的土壤侵蚀量来计算。以无林地土壤侵蚀量来表示森林减少土壤侵蚀量的根据是森林土壤的侵蚀量为零，或者小到可以忽略不计。根据已有资料及实地调查，该种算法并不切合实际。

无论从理论还是从实践上来说，采用无林地与有林地的土壤侵蚀差异来计算森林减少土壤侵蚀量，能确切反映森林土壤与无林地土壤的侵蚀差异。因此，本书借鉴第一种算法。规划实施后，土壤侵蚀核算采用以下公式：

$$M_{s1} = S \cdot (D_1 - D_2) \cdot 10^{-6}$$

式中：M_{s1} —— 减少土壤侵蚀量，万 t/a；

　　　D_1 —— 规划实施前土壤侵蚀模数，t/（km^2·a）；

　　　D_2 —— 规划实施后土壤侵蚀模数，t/（km^2·a）；

S —— 规划实施后发挥生态效益面积，hm^2；

10^{-6} —— 单位换算系数（hm^2 换算为 km^2，元换算为万元）。

根据森林减少土壤侵蚀的总量和土地耕作层的平均厚度和平均容重，计算出森林减少土壤侵蚀的总量相当于耕作利用的土地面积。

$$S_e = M_{s1}/(\rho \cdot l) \cdot 10^{-3}$$

式中：S_e —— 减少土地废弃面积，hm^2；

M_{s1} —— 减少土壤侵蚀量，万 t；

ρ —— 当地土壤容重，g/cm^3；

l —— 土地耕作层的平均厚度，cm；

10^{-3} —— 单位换算系数（cm^2 换算为 hm^2，g 换算为万 t）。

（2）减少土壤侵蚀的价值评价方法

规划实施后，形成的沙棘林地减少了侵蚀性降雨对土壤的冲蚀、打击，增强了土壤的抗蚀能力，有效控制了水土流失，其效益的物质量即减少的流失土壤总量，可将所减少的土壤折算为一定面积、一定类型的土地资源进行货币化。

减少土壤侵蚀价值根据机会成本来计算。机会成本的存在方式有多种，如林业生产、农业生产、牧业生产等。首先，确定不同地区森林被破坏以后，土地可能的利用方式及其持续时间；其次，确定所谓废弃土地的机会成本来实现森林减少土壤侵蚀效益的物质量的货币化：

$$V_{s1} = C_e \cdot S_e \cdot 10^{-4}$$

式中：V_{s1} —— 减少土壤侵蚀价值，万元；

C_e —— 单位面积的机会成本，元/hm^2；

S_e —— 减少土地废弃面积，hm^2；

10^{-4} —— 换算系数（元换算为万元）。

（3）减少泥沙淤积的效益评价方法

1）减少泥沙淤积物质量评价方法

林草植被一旦遭到破坏，土壤侵蚀所流失的泥沙，相当一部分淤积于水库、江河、湖泊，造成蓄水量下降、使用寿命缩短，在一定程度上增加了干旱、洪涝灾害的发生。因此，减少泥沙淤积物质量可根据减少土壤侵蚀量与淤积于水库、江河、湖泊的比例来确定。

$$Y_s = M_{s1} \cdot e$$

式中：Y_s —— 规划实施后减少泥沙淤积物质量，万 t；

　　　e —— 进入河道或水库的泥沙占侵蚀总量的比例，%；

　　　M_{s1} —— 减少土壤侵蚀物质量，万 t。

2）减少泥沙淤积的价值评价方法

森林的林冠结构以及有林地的枯枝落叶层大大减少了流域内的坡面侵蚀，从源头控制了抬高河床，淤积湖泊、水库的泥沙来源。因此，可根据蓄水成本计算泥沙淤积价值。计算森林减少泥沙淤积的经济价值主要有两种方法：

①清除成本法：用恢复费用法，即用清淤成本替代森林减少泥沙滞留淤积造成损失的价值。由于湖泊、水库和河道面大且水深，无论是工程冲淤还是人工挖运，其清除成本都很高。该方法没有考虑到两次清淤间泥沙淤积造成损失的价值，因为清淤行为毕竟是不连续的，而泥沙淤积造成的损失却是连续的。

②蓄水价格法：泥沙淤积于湖泊、水库和河道，减少了水库、湖泊的有效蓄水库容，可以根据水库工程的蓄水成本计算其损失价值。

本书采用第二种定价方法，以修建水库的蓄水成本作为规划实施后工程林木减少泥沙淤积效益物质量的货币化途径。

$$V_{s21} = C_r \cdot Y_s / \beta$$

式中：V_{s21} —— 森林减少泥沙淤积的价值，万元；

　　　β —— 淤积泥沙容重，t/m^3；

　　　C_r —— 水库单位库容的修建成本，元/m^3；

　　　Y_s —— 规划实施后林木减少泥沙淤积物质量，万 t。

（4）减少泥沙滞留的价值评价方法

根据国内已有的研究成果，我国森林每年减少的土壤侵蚀总量中，滞留泥沙、淤积泥沙和入海泥沙量各约占 33%、24% 和 37%。

泥沙滞留主要集中在山前、坡脚、沟口、洼地、库坝河的入口等。因此，可以采用恢复费用法，利用清除滞留泥沙的经济费用作为森林减少泥沙滞留的经济价值。其公式如下：

$$V_{s22} = Y_s \times C_p / \beta$$

式中：V_{s22} —— 减少泥沙滞留价值，万元；

C_p —— 清除泥沙的单位成本，元/m³；

β —— 淤积泥沙容重，t/m³；

Y_s —— 规划实施后林木减少泥沙淤积物质量，万 t。

（5）减少养分流失的效益评价方法

在各种植被类型中，森林具有最大的保土作用，尤其是在原生和次生演替序列的过程中，能够累积大量的枯枝落叶而形成腐殖质层，不仅增加了土壤的有机质，而且还加厚了土壤层，成为土壤的一部分。这种枯枝落叶层和有机质层，具有最大的保水性能和过滤作用，使土壤免遭侵蚀。而土壤的流失不仅是大量表土的损失，还会带走表土中很多营养物质，如氮、磷、钾等以及下层土壤中的部分可溶解物质。

1）减少养分流失的物质量评价方法

规划实施后，不但控制了水土流失，而且有效减少了土壤中 N、P、K 和有机质的流失。森林减少养分流失物质量的评价，可根据土壤侵蚀量与土壤表层 N、P、K 含量，确定土壤流失的养分，然后折算为尿素、过磷酸钙、氯化钾的量。

2）减少养分流失的价值评价方法

土壤侵蚀使土壤中的氮、磷、钾及有机质大量流失，从而增加土壤的化肥施用量，因此森林减少土壤氮、磷、钾、有机质损失的经济价值可根据"影子价格"来估算，即根据现行化肥价格来确定。

$$S_{v2} = D \cdot S \cdot \sum_{i=1}^{n} P_{1i} \cdot P_{2i} \cdot P_{3i} \cdot 10^{-6}$$

式中：S_{v2} —— 保肥效益经济价值，万元；

D —— 单位面积水土流失量，t/km²；

S —— 规划实施后效益计量面积，hm²；

P_{1i} —— 森林土壤中氮、磷、钾含量，%；

P_{2i} —— 纯氮、磷、钾折算成化肥的比例；

P_{3i} —— 各类化肥的销售价，元/t；

10^{-6} —— 换算系数（km² 换算为 hm²，元换算为万元）。

4.2.2.2　价值计算

（1）土壤容重的变化

规划实施后，随着林草覆盖度的增加，减流减沙效应增强，土壤侵蚀模数、土壤容重、土壤肥力都有了很大变化。

土壤容重是表征土壤物理学性质的一个重要指标，综合反映了土壤颗粒和土壤孔隙的状况。一般来讲，土壤容重小，表明土壤比较疏松，孔隙多；反之，土壤容重大，表明土体紧实，结构性差，孔隙少。规划实施后，土壤容重比退耕前都有所减少，$0\sim20$ cm 土层土壤容重平均减少 0.1 g/m^3，$20\sim40$ cm 土壤容重平均减少 0.16 g/m^3，$40\sim60$ cm 土壤容重平均减少 0.07 g/m^3，$60\sim80$ cm 土壤容重平均减少 0.21 g/m^3。说明退耕植被的恢复改善了土壤结构，使土壤变得疏松，增加了土壤的渗透性，有利于土壤保水保肥。

（2）土壤肥力的变化

规划实施后，土壤养分的各项指标较造林前有了明显的提高。与造林前相比，土壤耕作层碱性减轻，有机质平均增加 0.79%，全氮增加 0.085%，速效氮增加 8.4×10^{-6}，全钾增加 0.39%，速效钾增加 10.9×10^{-6}，全磷增加 0.079%，速效磷增加 4.0×10^{-6}。

（3）减少土壤侵蚀量（M_{s1}）

由于强烈的土壤侵蚀使大量的泥沙注入河流，致使河床日益抬高，河流泄洪能力逐渐降低，严重威胁着下游的安全并造成下游经济损失。规划实施后，防止了土地资源退化，使水土流失得到有效控制，林草植被覆盖度呈逐年上升趋势，年土壤侵蚀模数呈逐年减少的趋势。

规划实施前，土地大多是耕地和荒地，属于无林地，规划实施后减少土壤侵蚀物质量为：

$$M_{s1}=S\cdot(D_1-D_2)\cdot10^{-6}$$

本规划中，S 为 153 740 hm^2，D_1 为 15 280 t/（km$^2\cdot$a），D_2 为 5 865.1 t/（km$^2\cdot$a），那么，

$$M_{s1}=153\ 740\times(15\ 280-5\ 865.1)\times10^{-6}=1\ 447\ 万\ t$$

（4）减少泥沙淤积价值（V_{s1}）

①减少泥沙淤积量（Y_s）：根据我国主要流域的泥沙运动规律，全国土壤侵蚀的泥沙有 24% 淤积于水库、江河和湖泊。规划实施前的坡地上产生的泥沙至少 1/5 沉积于水库或河流下游河床，因此，淤积泥沙量以该区域年土壤侵蚀量的 20% 计算。可根据被淤积水库的蓄水成本计算规划实施后工程减少泥沙淤积的价值。规划实施后，累计减少淤积泥沙量为：

$$Y_s=M_{s1}\cdot e=1\ 447\times20\%=289\ 万\ t$$

②减少泥沙淤积价值（V_{s1}）：若泥沙容重取 1.28 t/m³，计算出泥沙淤积的数量相当于减少库容损失量，再根据水库 1 m³ 库容需投入成本费为 5.714 元来计算，减少泥沙淤积价值为：

$$V_{s1} = C_r \cdot Y_s / \beta = 289 \times 5.714 / 1.28 = 1\,290\ \text{万元}$$

（5）减少养分流失价值（V_{s2}）

规划实施后，林地表层土壤有机质达到 1.38%，全氮 0.132%，全磷 0.220%，全钾 2.52%。因土壤侵蚀造成氮、磷、钾大量损失，其价值可通过增加使用化肥的费用来代替氮、磷、钾损失的价值，即用替代市场法来计算减少土壤肥力的损失价值。根据市场调查，目前磷酸二铵和氯化钾的市场价分别为 2 200 元/t 和 1 400 元/t。折算成氮、磷、钾化肥的比例分别为 132/28，132/31，75/39。由此计算出规划实施后减少养分流失价值。

$$S_{v2} = D \cdot S \cdot \sum_{i=1}^{n} P_{1i} \cdot P_{2i} \cdot P_{3i} \cdot 10^{-6}$$

$S_{v2} = 153\,740 \times 9\,415.1 \times 10^{-6} [（0.132\% + 0.22\%）\times 132 /（28 + 31）\times 2\,200 + 2.52\% \times$
　　　　$75/39 \times 1\,400] = 348\,985\ \text{万元}$

4.2.3　固碳制氧效益评价

4.2.3.1　评价方法

植物通过光合作用，能够吸收和固定大气中的 CO_2，同时释放并增加大气中的 O_2，这对维持地球大气中的 CO_2 和 O_2 的动态平衡、减少温室效应以及提供人类的生存基础来说，有着巨大的不可替代的作用和重要意义。

（1）固定 CO_2 的评价方法

规划实施后，形成的林木借助光合作用吸收空气中的 CO_2，产出 O_2，起到了固碳制氧的作用。根据光合作用和呼吸作用机理来估算 CO_2 的量，这种方法只考虑了森林生物量（树叶、树枝、树干和树根）的储碳量，而没有考虑森林土壤的储碳量功能。森林生长的土壤中含有大量有机质，森林一旦受到破坏后，首先影响到土壤，使大量的土壤有机质氧化而排放大量的 CO_2。这部分数量并不比森林生物量吸碳量少，所以森林土壤中储碳量的变化，对于全球碳循环有着同样重要的作用，但目前评价固碳效益时没把这部分考虑在内，如果仅把生物量的吸碳量当作森林的固碳量，这样的结果会比森林实际固定 CO_2 的值偏小。本书认为，森林土壤储碳量不应被忽略，只有把两者同时考虑进去，并估算其大小，才能正确得出森林固定 CO_2 量。

1）固定 CO_2 量的评价方法

①林木生物量固碳量评价方法，主要有以下几种：

实验测定法：通过测定不同树种或不同覆盖率下林木固定 CO_2 和提供 O_2 的能力来计算。

林木蓄积量法：求解一定时期内林木的储碳变化，主要是通过林木蓄积的增加与森林内其他生物成分之间的关系，求取由于森林蓄积的增加带来的整个林木储碳的变化。

光合作用法：根据光合作用化学反应方程式，确定林木所能固碳制氧的比例关系，然后按照实际的森林面积、年材积生长量及树枝和树根的重量，便可计算出森林固定 CO_2 数量。本书采用此方法，首先根据光合作用反应式，确定规划实施后每生产 1 t 干物质固定 CO_2 的量，再根据干物质总量计算规划实施后固定 CO_2 的量。

$$Y_{C1} = a \cdot \sum_{i=1}^{n} V_i \cdot S_i \cdot 10^{-4}$$

式中：Y_{C1} —— 林木生物量固碳量，万 t；

a —— 1 t 林木干物质固碳量，t/t；

V_i —— 林木单位面积干物质生产量，t/hm²；

S_i —— 规划实施后效益计量面积，hm²；

10^{-4} —— 换算系数（t 换算为万 t）。

②森林土壤固碳量的评价方法。

森林生态系统的类型不同、植被种类不同，其储碳能力会不同。即使同样类型的森林，在不同的气候、土壤肥力条件下和不同的生长期内，其储碳能力也不同。由于缺乏当地林地土壤吸收 CO_2 的实测数据，因此本书利用土壤剖面有机碳密度计算公式来确定森林土壤的储碳量。其公式为：

$$Y_{C2} = 0.58 \times S_i \cdot \sum_{i=1}^{n} C_i \cdot B_i \cdot D_i \cdot 10^{-3}$$

式中：Y_{C2} —— 森林土壤固碳量，万 t；

C_i —— 土壤剖面第 i 层土壤的有机质含量，%；

B_i —— 土壤剖面第 i 层土壤容重，g/cm³；

D_i —— 土壤剖面第 i 层土壤层厚度，cm；

0.58 —— 土壤有机质转换为土壤有机碳的换算系数；

10^{-3} —— 换算系数（g 换算为万 t，cm^2 换算为 hm^2）；

S_i —— 规划实施后效益计量面积，hm^2。

2）固碳价值评价方法

固定 CO_2 的物质量经济转换方法，目前国内外对此争议比较大，其中代表性的观点有三种：造林成本法、碳税法和温室效应损失法。

①造林成本法：根据单位面积森林的固碳量以及单位森林的平均造林成本，计算出森林固定 CO_2 价值。由于植物具有固碳功能，植树造林是防止气候变暖的有效措施。因此，森林固定 CO_2 的经济价值可根据造林的费用来计算。这种方法是一种比较容易接受的方法，运用也较为广泛。

Titus 的研究表明，造林成本为 38 美元/t C。而 Myers 认为，每年碳债权为 130 美元/hm^2。根据我国人工营造杉木、马尾松、落叶松、泡桐、杨树、桉树等的成本，固定 1 t 纯碳的成本为 250 元。

②碳税法：根据单位面积森林蓄积的固定 CO_2 及碳氧分配系数，求出纯碳量，再借用碳税的影子价格，可计算森林的固碳价值。

本方法根据碳税标准来计算。征收碳税会产生一些引导作用，促使工业界以含碳量相对较低的燃料来取代含碳量相对较高的燃料；以不含碳的其他能源（核能、可再生能源）取代含碳能源，节约能源等。特别是目前在我国构建节约型社会的大背景下，根据碳税或变化的碳税来估算森林固碳经济价值是切实可行的。但碳税只是控制碳排放的一种手段，它应该小于 CO_2 本身引起的温室效应危害。

西方一些国家使用碳税制限制 CO_2 等温室气体的排放，如挪威税率为 227 美元/t C；瑞典 CO_2 税率大约 150 美元/t C；美国 1990 年引入的税率仅为 15 美元/t C。环境经济学家们往往使用瑞典税率。

③温室效应损失法：用森林减少使 CO_2 增加导致的各种损失的估算值来代替森林的固碳价值。由于温室效应造成损失的分布是不均衡的，可能给有的地区带来损失，也可能给另外一些地区带来益处。因此，运用该方法，首先要判定该地区是温室受损区还是收益区，只有受损区才能运用该方法。

碳税法和造林成本法都适宜评价规划实施后的固碳效益，为了更加准确，本书采用碳税法和造林成本法两种方法计算，最后求两者平均值，作为规划实施后的固碳价值。

其计算公式为：

$$V_{C1} = [(Y_{C1} + Y_{C2})(C_{C1} + C_{C2}) \cdot 10^{-4}]/2$$

式中：V_{C1} —— 规划实施后固定 CO_2 的价值，万元；

C_{C1} —— 森林固定 CO_2 的造林成本，元/t；

C_{C2} —— 瑞典碳税率，美元/t C；

Y_{C1} —— 森林生物量固碳量，t；

Y_{C2} —— 森林土壤固碳量，t；

10^{-4} —— 换算系数（元换算为万元）。

（2）制氧效益评价方法

O_2 是人类生理活动、日常生活和生产活动必不可少的物质：细胞代谢需要 O_2，人类呼吸需要 O_2，燃料燃烧需要 O_2，工业生产需要 O_2，医疗救护需要 O_2。因此，O_2 对人类来说有着巨大的和多用途的使用价值，是人类赖以生存的不可替代的物质。

1）森林制氧量评价方法

森林制氧量计量方法采用统计调查法。根据森林调查统计资料，确定每公顷林地干材和枝丫的年生长量，枝丫的年生长量通常采用与干材年生长量关系比的形式来表示；确定每公顷林地的木材总生长量和干物质总生长量，并按树种采用绝干比重法换算为绝干物质；再运用生产 1 t 干物质释放 O_2 量指标计算出 O_2 量。

2）森林制氧价值评价方法

森林供给 O_2 的价值可以根据两种方法来计量：

①商品价格法：O_2 可用于工业生产，并可成为商品，因此可以根据 O_2 的商品价格来确定其经济价值。该方法的缺点是 O_2 的工业生产成本和价格较高，以至森林供氧的价值接近甚至超过了木材价格。

②造林成本法：这是一种比较容易接受的方法。本书采用此方法来计算当地森林提供 O_2 的经济价值。根据我国森林提供 1 t O_2 的造林成本为 369.7 元来计算规划实施后的制氧价值，其计算公式为：

$$V_{O_2} = C_{O_2} \cdot b \cdot \sum_{i=1}^{n} V_i \cdot S \cdot 10^{-4}$$

式中：V_{O_2} —— 森林制氧气价值，万元；

b —— 森林生产 1 t 干物质制造 O_2 量，t；

C_{O_2}——森林提供 O_2 的造林成本，元/t；

10^{-4}——换算系数（元换算为万元）。

4.2.3.2　价值计算

（1）固定 CO_2 价值（V_{C1}）

规划实施后，由于林草植被的恢复，森林在维持生态平衡、改善生态环境方面发挥了不可替代的生态功能，同时，它也是一个巨大的碳储库，可以吸收大气中大量的 CO_2，为人类和其他生物释放出大量的新鲜 O_2。植物吸收 CO_2 和释放 O_2 具有不同的使用价值，从使用价值角度看，两者是相互独立的。

规划实施后固碳量包括森林生物量固碳量和森林土壤固碳量两部分。

1）森林生物量固定 CO_2 量（Y_{C1}）

根据植物光合作用方程式，植物在光合作用时，利用 28.3 kJ 的太阳能，吸收 264 g CO_2 和 108 g H_2O，产生 180 g 葡萄糖和 193 g O_2，然后 180 g 葡萄糖再转变为 162 g 多糖（纤维素或淀粉）：

$$CO_2（264\,g）+H_2O（108\,g）\rightarrow O_2（193\,g）+葡萄糖（180\,g）$$

$$\downarrow$$

$$多糖（162\,g）$$

由光合作用反应式可见，植物生产 162 g 的干物质可吸收固定 264 g 的 CO_2，那么树木每形成 1 g 干物质需要固定 1.63 g 的 CO_2。规划实施后主要以沙棘灌木林为主，其生物量为 3.19 t/（$hm^2 \cdot a$），发挥效益植被面积为 38 435 hm^2，由此得出规划实施后生物量固定 CO_2 量为：

$$Y_{C1} = a \cdot \sum_{i=1}^{n} V_i \cdot S_i \cdot 10^{-4}$$

$$Y_{C1} = 1.63 \times 3.19 \times 153\,740 \times 10^{-4} = 80\,万\,t$$

2）森林土壤固定 CO_2 量（Y_{C2}）

植被生长的土壤中含有大量有机质，若植被遭受破坏，有机质将被氧化而排放大量 CO_2。规划实施后植被得到快速恢复，增强了土壤有机质的积累，使土壤有机碳含量增加，起着固定碳的作用，土壤碳源转化为碳汇，进而影响整个大气中的 CO_2 浓度。具体表现在以下三个方面：

①规划实施后改变了地表自然地理特征。随着林草植被的恢复，地表生物量增加，

进入土壤的植物残体量随之增加，带来土壤有机质含量的增加，从而增加了土壤有机碳量。

②规划实施后有效地控制了水土流失，保护了土壤资源，减少了土壤有机碳流失。林地开垦侵蚀后的第 10 年，腐殖质层已全部流失，土壤有机质含量减少了 78.32%，而且，土壤有机质主要在开垦的前几年流失。

③规划实施后就意味着不再耕垦土地，而耕作会破坏土壤团聚体结构，土壤中的有机物充分暴露在空气中，土壤有机物因失去保护而分解。所以，规划实施后使土壤免于耕垦而减缓了土壤有机质的分解，增强了土壤碳的积累。总之，规划实施后必然改变地表物质的迁移和地表物质的循环，带来系列生态环境效应，使土壤性质发生明显变化。

在不同地区，不同类型的植被土壤有机质的变化有明显差异。根据相关研究，沙棘林地土壤有机质含量比耕地增加了 1.08 倍，沙棘林地土壤有机质含量为 1.165%。规划实施后土壤有机质水平都得到了不同程度的提高。

$$Y_{C2} = 0.58 \times S_i \cdot \sum_{i=1}^{n} C_i \cdot B_i \cdot D_i \cdot 10^{-3}$$

$$Y_{C2} = 153\ 740 \times 0.58 \times 20 \times (2.11 - 0.97) \times 10^{-3} = 2\ 033\ 万\ t$$

规划实施后，土地利用方式改变，导致表层土壤的有机碳含量变化较大，因此，只计算表层（0～20 cm）土壤的有机碳密度。规划实施前 0～20 cm 表土层，土壤容重平均为 1.42 g/cm³，有机质含量为 0.59%，规划实施后林地土壤容重平均为 1.32 g/cm³，有机质含量为 1.38%，有机质含量比造林前增加了 0.79%。土壤有机质转换为土壤有机碳的换算系数为 0.58，根据有机碳密度公式计算出前后有机碳密度，两者的差就是规划实施后的林地有机碳密度，即规划实施后林地单位面积固定 CO_2 量。

3）固碳总物质量（Y_C）

规划实施后固碳总物质量等于森林生物量固碳量与森林土壤固碳量之和：

$$Y_C = Y_{C1} + Y_{C2} = 80 + 2\ 032 = 2\ 113\ 万\ t$$

4）固定 CO_2 价值（V_{C1}）

通过森林生物量固碳量与森林土壤固碳量之和，求出规划实施后的固碳量，折合成纯碳，根据 C 与 CO_2 分子式与原子量 $C/CO_2 = 0.272\ 9$，然后采用瑞典碳税法和我国造林成本法两种计算方法。最后将两者方法折中的平均值作为规划实施后的固碳价值。碳税法使用瑞典碳税率 150 美元/t C；折合人民币 1 245 元（C_{C1}），造林成本法采用我国造林成本为 250 元/t C（C_{C2}）。规划实施后固碳价值为：

$V_{C1}=[（Y_{C1}+Y_{C2}）（C_{C1}+C_{C2}）/2]×0.272\ 9=[（80+2\ 032）×（1\ 245+250）/2]×$
$\qquad 0.272\ 9=431\ 037\ 万元$

（2）制氧价值（V_{C2}）

根据植物光合作用反应式，森林树木光合作用时，利用 28.3 kJ 的太阳能，吸收 264 gCO_2 和 108 gH_2O，产生 180 g 葡萄糖和 193 gO_2，然后再将 180 g 葡萄糖转变为 162 g 多糖（纤维素或淀粉）。

$$CO_2（264\ g）+H_2O（108\ g）\rightarrow O_2（193\ g）+葡萄糖（180\ g）$$
$$\downarrow$$
$$多糖（162\ g）$$

由光合作用和呼吸作用的总结果可见，森林树木生产 162 g 的干物质可提供 193 g 的 O_2，那么森林树木形成 1 g 干物质可提供 1.2 g O_2，即形成 1 t 干物质可放出 1.2 t O_2。

根据林地单位面积的生物量 3.19 t/hm^2（实地调查），求出林地总生物量，乘以单位干物质释放 O_2，再根据我国森林提供 1 t O_2 的造林成本为 369.7 元，计算出规划实施后林地产生 O_2 的价值。

$$V_{O_2}=C_{O_2}\cdot b\cdot\sum_{i=1}^{n}V_i\cdot S\cdot 10^{-4}$$

$V_{O_2}=369.7×1.2×3.19×153\ 740×10^{-4}=21\ 757\ 万元$

（3）固碳制氧总价值（V_C）

规划实施后，固碳制氧总价值等于规划实施后固定 CO_2 价值和制造 O_2 价值之和：

$$V_C=Y_{C1}+V_{C2}=431\ 037+21\ 757=452\ 794\ 万元$$

4.2.4 净化环境价值评价

4.2.4.1 评价方法

森林具有吸收 SO_2 和氮氧化物、杀菌、降解污染物等生态效益。目前对净化环境价值的评价仅仅从直接效益方面去评价，而对由于环境的净化使人类免受疾病危害、减少医疗保健费用的间接效益却没有考虑。本书净化环境价值评价包括吸收 SO_2、滞尘和减少医疗费用价值三个方面。

（1）吸收 SO_2 效益评价方法

SO_2 在有害气体中数量最多、分布最广、危害较大，而树木对 SO_2 具有一定程度的抵抗能力，并且以其独特的光合作用及生理功能，通过叶片上的气孔和枝条上的皮孔吸收和转化有害物质，在体内通过氧化还原过程转化为无毒物质，即降解作用，或积累于某一器官内，或由根系排出体外。植物对于大气污染物质的这种吸收、降解、积累和迁移，无疑是对大气污染的一种净化作用。

本书采用面积—吸收能力法。基本思路：根据不同类型森林单位面积吸收 SO_2 的能力与对应面积相乘，核算出森林吸收 SO_2 量，再采用影子价格，即治理 SO_2 的单位成本核算出森林吸收 SO_2 的价值。

$$V_{e1} = C_s \cdot \sum_{i=1}^{n} R_i \cdot S_i \cdot 10^{-4}$$

式中：V_{e1} —— 森林吸收 SO_2 价值，万元；

$\quad\quad C_s$ —— 治理 SO_2 的单位成本，元/t；

$\quad\quad R_i$ —— 不同类型森林单位面积吸收的 SO_2 量，t/hm²；

$\quad\quad S_i$ —— 规划实施后效益计量面积，hm²；

$\quad\quad 10^{-4}$ —— 换算系数（元换算为万元）。

（2）阻滞降尘效益评价方法

规划实施后工程增加了植被覆盖度，降低了风速，使一些空气尘粒因风速减弱而在重力作用下沉降于地面；另外粗糙的叶皮表面也可以吸收一部分粉尘，使大气含尘量降低，从而发挥阻滞降尘的作用。

本书中，森林滞降尘量采用面积—滞尘能力法来计算。基本思路：不同类型森林单位面积阻滞降尘能力与对应面积相乘，核算出森林阻滞降尘的物质量，再根据等效替代法，即人工削减粉尘的成本实现林木阻滞降尘物质量的货币化。

$$V_{e2} = C_d \cdot \sum_{i=1}^{n} L_i \cdot S_i \cdot 10^{-4}$$

式中：V_{e2} —— 林木阻滞降尘价值，万元；

$\quad\quad C_d$ —— 人工削减粉尘的成本，元/t；

$\quad\quad L_i$ —— 不同类型林木单位面积滞尘能力，t/hm²；

$\quad\quad S_i$ —— 规划实施后效益计量面积，hm²；

$\quad\quad 10^{-4}$ —— 换算系数（元换算为万元）。

4.2.4.2 价值计算

森林能够吸收 SO_2、HF、Cl_2 和其他有害气体，降解污染物，还具有削减光化学、烟雾污染和净化放射性物质的作用。此外，森林还具有减弱空气中的烟尘，杀菌、降噪的功能。森林这些功能，净化了环境，使空气中产生较多的负氧离子，有助于改善人们的神经系统，调节人体免疫系统，保障人民健康，减少流行疾病，减少医疗保健费用。因此，森林净化环境价值主要包括吸收 SO_2 价值、滞尘价值、减少医疗费用价值。根据造林面积及森林对有害物质减除能力及影子价格可以计算净化空气价值。

（1）吸收 SO_2 价值（V_{e1}）

根据《中国生物多样性国情研究报告》（1998），阔叶林对 SO_2 的吸收能力为 88.65 kg/hm^2，针叶林、杉类、松林的吸收能力为 215.60 kg/hm^2。本书采用面积—吸收能力法计算吸收 SO_2 的物质量。由于本规划林地全部是沙棘，若以对 SO_2 吸收能力较低的阔叶林计算，根据我国削减 SO_2 的平均治理费用为 600 元/t 计，可得出规划实施后工程林地吸收 SO_2 的价值为：

$$V_{e1} = C_s \cdot \sum_{i=1}^{n} R_i \cdot S_i \cdot 10^{-4}$$

$$V_{e1} = 0.6 \times 153\ 740 \times 88.65 \times 10^{-4} = 818 \text{ 万元}$$

（2）阻滞降尘价值（V_{e2}）

根据《中国生物多样性国情研究报告》（1998），据测定，我国森林的滞尘能力为阔叶林 $10.11 \text{ kg/}(\text{hm}^2 \cdot \text{a})$、针叶林 $33.2 \text{ kg/}(\text{hm}^2 \cdot \text{a})$。本书采用面积—滞尘能力法来计算。由于本规划中营造的全部为沙棘，因此以滞尘能力较低的阔叶林计算，根据我国削减粉尘的平均单位治理成本为 170 元/t 计，可得出规划实施后林地阻滞降尘价值为：

$$V_{e2} = C_d \cdot \sum_{i=1}^{n} L_i \cdot S_i \cdot 10^{-4}$$

$$V_{e2} = 170 \times 153\ 740 \times 10.11 \times 10^{-4} = 26\ 423 \text{ 元} \approx 2.6 \text{ 万元}$$

（3）净化环境总价值（V_e）

规划实施后净化环境总价值等于吸收 SO_2 价值、阻滞降尘价值之和：

$$V_e = V_{e1} + V_{e2} = 818 + 2.6 = 820.6 \text{ 万元}$$

4.3　社会效益

在沙荒地、砂石、砾石、戈壁地大量营造沙棘林，可提高土地利用率，整合生产力要素，土地利用结构也将得到改善。通过种植沙棘林将有效降低当地水土流失十分严重的现象，提高防沙固沙能力，有效提高环境质量和容量，土地利用结构趋于合理，人口、资源、环境与经济发展走向良性循环。

通过沙棘开发，当地农户通过沙棘种植、采收沙棘果叶，增加了人均年收入，提高了参与土地治理的积极性。沙棘资源的综合开发和利用，带动了农民脱贫致富。沙棘的种植和加工，为农村妇女提供了一个很好的创收门路，使她们实现了在自己家门口就业。沙棘在育苗、整地、种植、管理以及采果、采叶等方面都为妇女的参与开辟了新的领域。更为重要的是，在工作实践中，通过技术人员的培训，使广大妇女文化水平有了提高，观念有了更新，她们利用学到的专业知识和技能，举一反三，直接应用到生产领域中，成为农村生产活动的主力军。沙棘的种植开发，有效地提高了当地农村妇女在家庭及社会中的地位，同时发挥了老龄群体的余热。随着健康水平的不断提高，老龄化问题不仅在城市，而且在郊区、矿区、农村已浮出水面。对于越来越多的老龄群体来说，他们很难像青壮劳力一样，通过劳务输出获得经济收入，沙棘产业的发展为老龄群体提供了一个发挥余热的用武之地。老龄群体的潜力是农村未来发展的强大基础，增强老年人的能力和促进他们的充分参与，是促进老有所事的基本要素。社会已经越来越多地依赖老年人的技能、经验和智慧，让老年人从事沙棘的种植、开发，不仅使他们有参与劳动的满足感、成就感，更能改善和提高他们的身体素质和技术水平。

第 5 章

沙棘产业的发展

沙棘的地理分布很广,分布在东经 2°～123°、北纬 27°～69°,跨欧亚两洲温带地区,南起喜马拉雅山南坡的尼泊尔和锡金,北至波罗的海沿岸的芬兰,东抵俄罗斯贝加尔湖以东地区,西到地中海沿岸的西班牙。沙棘分 6 个种和 12 个亚种。中国是沙棘属植物分布区面积最大、种类最多的国家,拥有世界上最丰富的沙棘资源,概括地说就是"3个 90% 以上",即沙棘资源面积占世界总面积的 90% 以上,"三北"地区沙棘资源面积占全国总量的 90% 以上,沙棘亚种占全国各类沙棘资源总量的 90% 以上。有天然沙棘林分布的共有 12 个省(区、市):北京、河北、内蒙古、山西、陕西、甘肃、宁夏、青海、新疆、四川、云南、西藏。目前世界上已经有 20 多个国家在推广利用沙棘,我国是世界上利用沙棘最早、开发规模最大、发展最快的国家。

　　新疆的沙棘资源较为丰富,范围广,南北疆均有分布。沙棘适宜生长在海拔 800～3000 m 的冷凉地区,一般生长在低山河谷地带、河漫滩和山前洪积、冲积扇的河流两岸阶地,在田园渠边也有少量生长。在新疆乌鲁木齐河谷、阿勒泰额尔齐斯河谷平原,博尔塔拉河谷、伊犁河谷及其各支流、天山南坡河谷、帕米尔东坡、昆仑山北麓的河谷、河漫滩阶地有大面积集中成片的野生纯林。1978 年我国开始建设"三北"防护林工程后,部分地区将沙棘用于大面积工程化造林,尤其是 2001 年退耕还林工程实施后,沙棘数量大幅度增加。据调查统计,目前新疆沙棘资源总面积已突破 100 万亩,在伊犁河谷、塔城、阿勒泰、博州、克拉玛依、和田等地区发展得都很快,尤其是阿克苏地区的乌什县,近几年沙棘产业发展迅猛,短短几年时间已种植沙棘 15 万亩,并且还在以每年 5 万亩的速度递增,乌什县力争用沙棘再造第二个新疆的"柯柯牙"林业工程。

　　在国际上最先利用现代技术研究开发沙棘的国家是苏联,我国则是世界上开发利用沙棘规模最大、发展最快的国家。世界上已经有 20 多个国家在推广利用沙棘。"国际沙棘研究与培训中心"成立于 1995 年,"国际沙棘协会"成立于 2001 年,这两个国际组织的秘书处都设在北京。目前,正在开发利用沙棘的国家有:俄罗斯、白俄罗斯、乌克兰、爱沙尼亚、拉脱维亚、波兰、匈牙利、罗马尼亚、阿塞拜疆、哈萨克斯坦、乌兹别克斯坦、吉尔吉斯斯坦、印度、巴基斯坦、尼泊尔、塔吉克斯坦、蒙古、芬兰、瑞典、德国、法国、意大利、瑞士、加拿大等国,这些国家均处于丝绸之路经济带沿线。还有土耳其、伊朗、阿富汗、叙利亚、以色列、伊拉克、捷克、斯洛伐克、奥地利、南斯拉夫、保加利亚、南非、埃塞俄比亚、莱索托、美国、智利、阿根廷、秘鲁、玻利维亚等国正在开展沙棘研究。

俄罗斯沙棘育种始于 1933 年，过去 70 年有 60 多个品种从蒙古沙棘、鼠李沙棘之间的远缘杂交以及辐射和化学诱变中产生。俄罗斯品种有许多良好性状，果大、含油量高、单株产量高以及刺少等。目前世界上最高产量的沙棘产自俄罗斯。许多有名的品种，如"Orange""Chuisk""Superior""Sun"和"Ahy"已成功地在中国东北地区栽培。

　　德国的沙棘选育始于 1962 年，到目前已有 27 个品种分布在一些研究所。其中，9 种来自当地野生品种，3 种来自杂交群体，9 种来自自由授粉，6 种来自与蒙古沙棘的杂交。在这些品种中，"Askola""Dorana""Frugana""Hergo""Leikom"和一个授粉种"Pollmix"，已经成功地在德国栽培，并被引种到其他一些国家。

　　基于鼠李沙棘，芬兰、瑞典、爱沙尼亚、拉脱维亚、立陶宛、波兰、白俄罗斯开展了各自的育种项目，他们同时也引进了俄罗斯的一些品种进行选种试验。加拿大从引进的鼠李沙棘中，选育出了一个好品种"Indian Summer"，已经在加拿大栽培。法国、意大利、瑞士利用阿尔卑斯山的溪生沙棘，选育沙棘品种，同时，他们也试验来自俄罗斯和德国的品种。

　　目前，中国和俄罗斯在新品种培育方面投入多、成果大，也是将来工业化栽培品种的主要提供国。在育种领域，俄罗斯开展了沙棘育种新方法、沙棘授粉生理变异指标、微电子及其 X 射线在沙棘育种中的应用、沙棘育种变化等研究。德国、芬兰、加拿大侧重关注营养食品、药品的研制开发，尤其是德国，研究了沙棘果渣中黄酮醇和糖苷结构、沙棘产品及其衍生产品的利用、沙棘汁生物活性成分的稳定性等，利用沙棘果实中类胡萝卜素和脂蛋白合成物研制新型化妆品以及制定沙棘产品的质量标准；芬兰研究了沙棘果肉成分加工对沙棘中 VC 含量的影响；加拿大研究了果实采收期对果实和种子特性的影响等。许多专家在研究"栽培品种—原料采收—加工工艺—产品包装—市场准入"一系列的标准化问题，在今天的欧洲，沙棘的加工和销售必须符合 ISO 9001 等环境卫生标准。这也提示我们，今后我们的沙棘原料和产品进入欧洲的门槛更高了。以印度为代表的南亚国家在 20 世纪 90 年代后期迅速发展，研究领域也基本涵盖沙棘生态、经济应用的所有方面。尤其值得注意的是，印度有几个知名的制药企业在牵头研究沙棘的药用开发，而且也在关注沙棘叶的药用价值。

　　德国、加拿大、日本、美国等国家把沙棘当作一种经济植物资源，利用先进的工业加工技术和设备，发展市场，愿意利用中国的资源培育新品种，加工高附加值产品，开展产品贸易。而印度、尼泊尔、巴基斯坦等发展中国家，则希望通过新品种引种、技术转移、人员培训等方面的国际合作，迅速赶超先进国家。我国拥有最丰富的天然沙棘种质资源、信息资源和人力资源，拥有最大的产品市场，这为我们开展国际沙棘产业合作奠定了基础。

我国沙棘产业研发处于国际领先水平，是目前开发应用沙棘产业最多的国家，全国现有各类沙棘加工企业 3 000 余家，产品涵盖了食品、药品、保健品、化妆品等 8 大类200 多个品种，年产值达 12 亿元左右，正努力实现种植、加工、销售、技术、环保、标准、认证和质检的规范化、科学化、标准化和现代化。我国在新品种选育、育苗、种植园、栽培技术及开发应用方面，尤其是在食品、药物的开发研究工作领域中取得了令人瞩目的成果，一些经深加工、精加工的品牌相继问世，产品以其独特的营养价值和药用价值日益被人们所认知和接受。

我国是世界上沙棘医用历史最早的国家，藏医经典著作《四部医典》《月王药诊》《晶珠本草》记载着沙棘具有祛痰、利肺、化湿、壮阳等作用，其中 60 余处记述了沙棘有健脾胃与破瘀止血的功效。人们在认识沙棘的营养保健和医疗效用的同时，也更加重视沙棘在改造生态环境中的重要作用。沙棘以抗干旱、耐土地瘠薄、不怕盐碱、防风固沙、保持水土、改良土壤、美化环境、使农民脱贫致富等多种功能，被誉为改善生态环境的最佳树种、整治国土的"生物武器"。1977 年，沙棘作为中药列入《中华人民共和国药典》，我国投入了大量的人力物力，对沙棘的综合利用展开了深入研究，主要是以沙棘果、叶、枝为原料生产沙棘果汁营养口服液、饮料、沙棘油、沙棘油胶囊、沙棘黄酮、沙棘纤维素、沙棘速溶茶、沙棘饲料添加剂等。与国外相比，我国的研究领域较宽，在沙棘种质资源保护利用、引种育种、果实与叶片的化学成分分析、营养食品和药品初步开发中积累了丰厚的技术成果。截至目前已颁布沙棘行业标准十多项，地方标准、企业标准几十项，涵盖了资源建设、行业管理、产品加工及产品标准等多个领域。这些标准的出台，有效地规范了育苗、种植、产品加工过程，提高了种植成活率、保存率和郁闭度，加快了标准化示范区建设，提高了产品质量，有效推进了水土流失的治理。同时，我国正积极做好标准的升级，争取列入国家标准甚至国际标准，在世界范围内争取话语权。

沙棘的根、茎、叶、花、果，特别是沙棘果实含有丰富的营养物质和生物活性物质，特别是黄酮类活性物质含量很高，具有极高的营养价值，含有人体所需的活性成分高达428 种，是迄今为止已知植物中所含活性成分最多的植物，可谓"浆果植物之王"，被国际医药界和营养学家誉为"人类 21 世纪最具发展前途的营养保健和医药植物"，西方营养学家称沙棘肽具有"陆地人类不可缺少的免疫系统修复作用"，其价值已得到国际社会的公认。沙棘适应性极强，耐寒、耐旱、耐瘠薄、根系发达、萌蘖能力强，具有极强的生命力和快速繁殖能力，栽培管理技术简单、易掌握，可广泛栽植，经济效益和生态效益极为显著，因此，种植沙棘和发展沙棘产品具有极其广泛的应用前景和市场前景。